はじめてでもできる！

LINE株式会社・著

LINEビジネス活用【公式ガイド】第2版

インプレス

著者プロフィール

LINE株式会社

家族や友人・恋人など、身近な大切な人との関係性を深め、絆を強くするコミュニケーション手段として、2011年6月にコミュニケーションアプリ「LINE」のサービスを開始。「CLOSING THE DISTANCE」をコーポレートミッションに、世界中の人と人、人と情報・サービスとの距離を縮めるため、さまざまなサービス・事業を展開中。

本書に掲載されている情報について

本書は2023年6月時点でのサービス内容をもとに制作しています。
「LINE」はLINE株式会社の商標または登録商標です。「QRコード」は株式会社デンソーウェーブの登録商標です。その他、本書に記載されている製品名やサービス名は、一般に各開発メーカーおよびサービス提供元の商標または登録商標です。なお、本文中には™および®マークは明記していません。

はじめに

コミュニケーションアプリの「LINE」は2011年6月に誕生して以来、「世界中の人と人、人と情報・サービスとの距離を縮める」というミッションのもと、国内外を問わず、ユーザー同士で音声、ビデオ通話、チャットなどが無料で利用できるサービスを提供しています。現在、国内の月間利用者数は9,500万人（2023年３月末時点）に上り、うち約８割のユーザーに1日に1回以上、LINEをご利用いただいています。

この10余年の歩みの中で、私たちLINEは企業・店舗の皆様のビジネス成長に寄与すべく、LINE公式アカウント、LINE広告、LINEミニアプリをはじめとする多数の法人向けサービスを提供してきました。

総務省がまとめた「令和４年版 情報通信機器の保有状況」によると、世帯におけるモバイル端末の保有状況は97.3%となっており、うち88.6%がスマートフォンとなっています。スマートフォンの普及に伴い、オンライン情報をもとに商品・サービスの検討や購買を行うユーザー行動が一般的になりました。これを受け、集客や販促に関する施策をデジタル化する動きは、大企業のみならず中小企業や店舗にも広がっており、この傾向はいわゆる“アフターコロナ”以降も加速することが予想されます。

ビジネスに影響を及ぼす外部環境が絶えず変化する中、「自社の集客や販促にLINEを活用したい」と考えるすべての皆様に向けて、LINEの法人向けサービスの活用ノウハウをまとめました。

本書では、LINEのサービスをすでに利用している事業主様はもちろん、今後、デジタル化を進めていく事業主様にも分かりやすいよう、LINE公式アカウント、LINE広告、LINEミニアプリなどの活用ノウハウを目的別に整理しました。今回の「第２版」では、新たに飲食、理美容・サロン、EC・小売 の業界別活用ノウハウを追加しています。さらに、実際に成果を上げている企業・店舗様の事例を収録しており、LINEのサービスをより深く理解できる内容となっています。

また、複数のサービスを組み合わせた活用ノウハウ、データ活用を目的としたサービスに関するコラムなど、最新かつ応用的なコンテンツも掲載しています。

本書を通じて、企業・店舗の運営に携わる皆様が、それぞれの課題解決につながるヒントを得て、ユーザーとの関係性を強化するきっかけになれば幸いです。

2023年６月　LINE株式会社

目次

活用ノウハウ②
初回利用編

活用ノウハウ③
リピート促進編

イントロダクション

LINEのサービスやユーザーの属性、
LINE公式アカウントおよびLINE広告の特長を、
イラストで確認してみましょう。

Our Mission

CLOSING THE DISTANCE

私たちのミッションは、世界中の人と人、人と情報・サービスとの距離を縮めることです。

LINEの基本機能

トーク・
音声通話・ビデオ通話

LINEスタンプ
(絵文字や着せかえも)

LINEにはこんな機能もあります

ニュースタブ

手軽にニュースにアクセス

- LINE NEWS（日本）
- LINE TODAY（タイ、台湾、インドネシア）

ウォレットタブ

LINE Pay（送金・決済）

LINEユーザーの属性

LINEの月間アクティブユーザーは9,500万人!

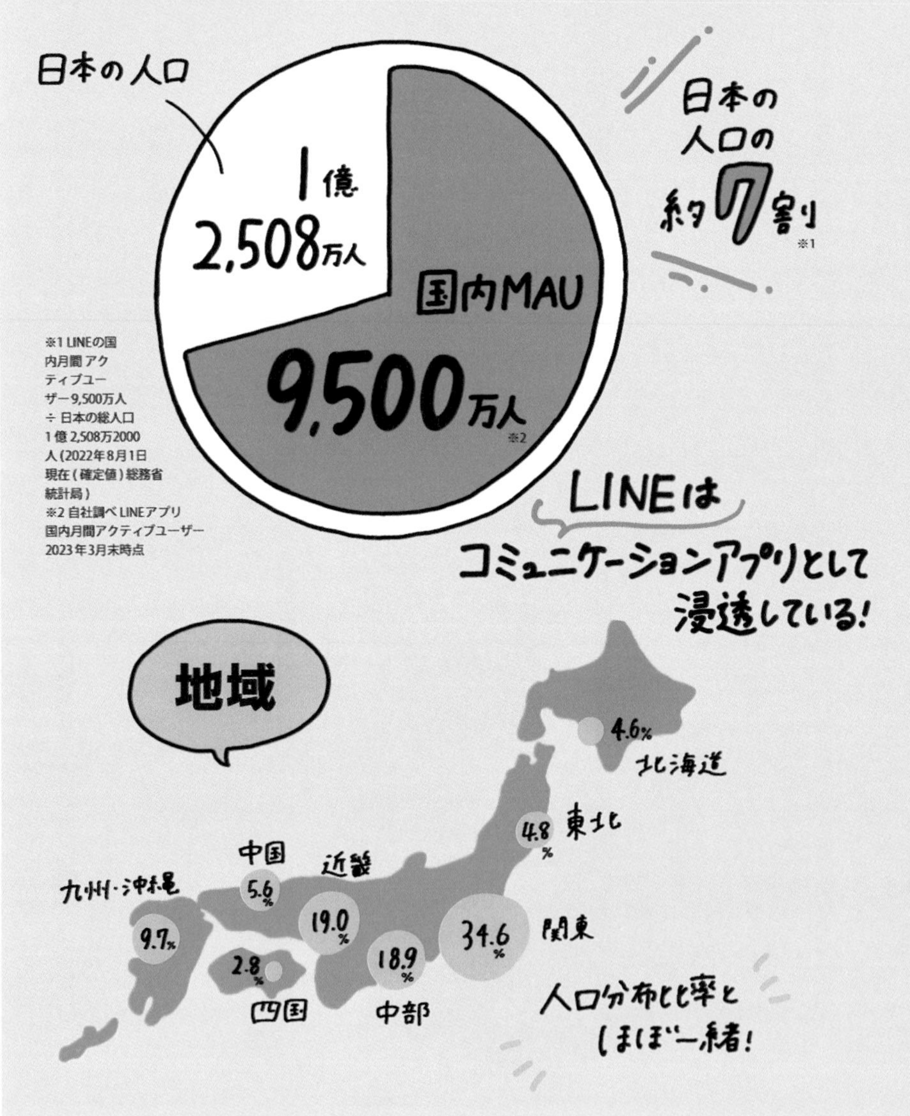

※1 LINEの国内月間アクティブユーザー9,500万人÷日本の総人口1億2,508万2000人(2022年8月1日現在(確定値)総務省統計局)
※2 自社調べ LINEアプリ国内月間アクティブユーザー2023年3月末時点

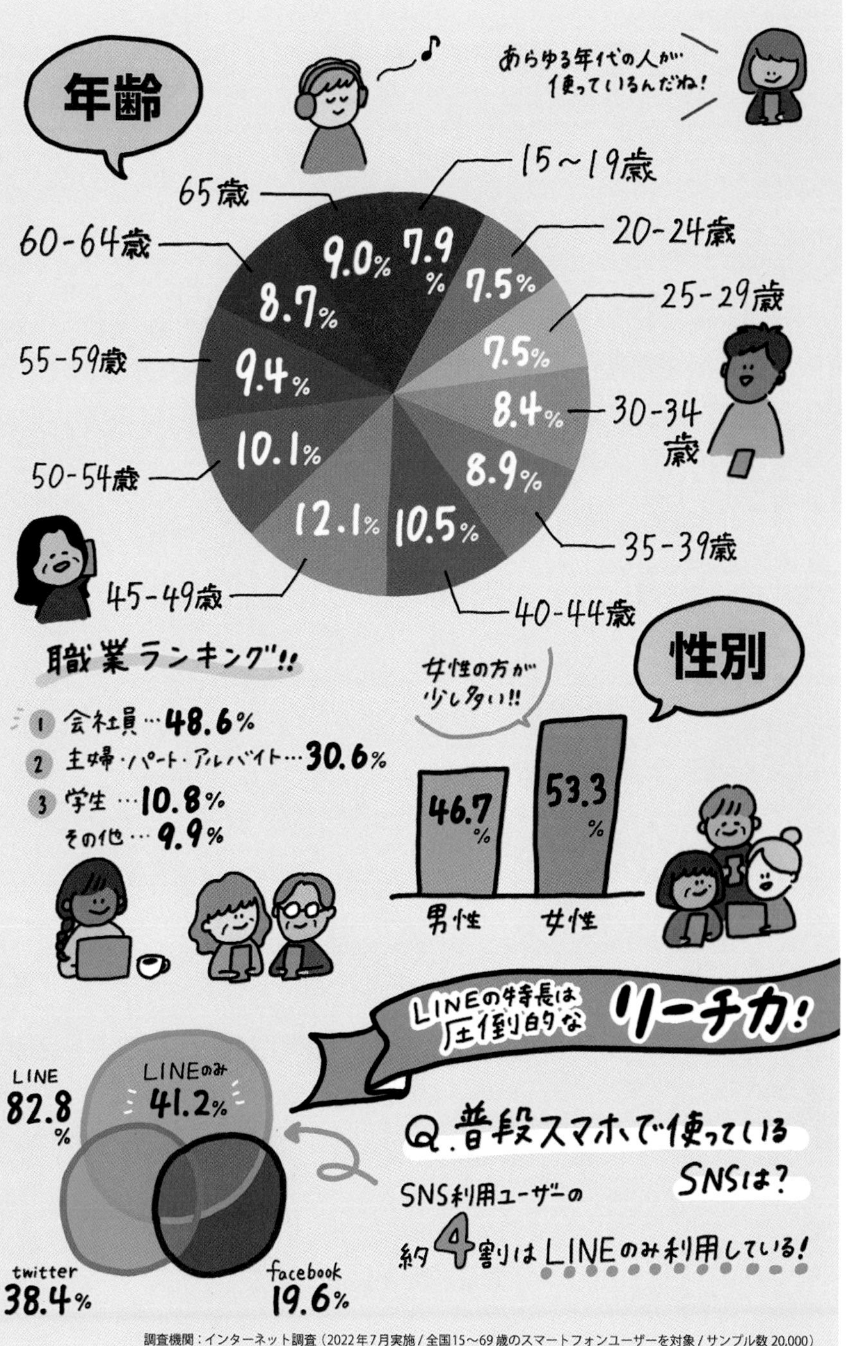

調査機関：インターネット調査（2022年7月実施／全国15～69歳のスマートフォンユーザーを対象／サンプル数20,000）

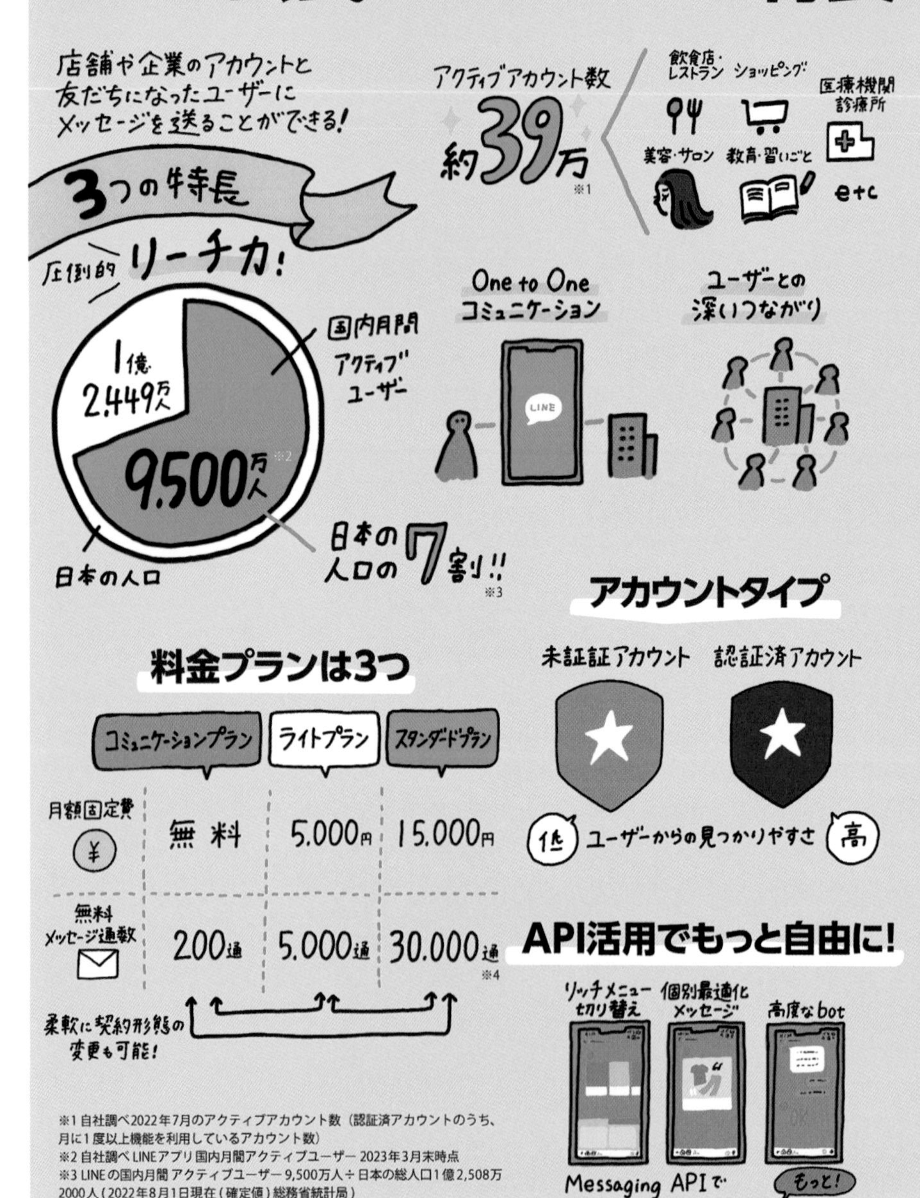

※1 自社調べ2022年7月のアクティブアカウント数（認証済アカウントのうち、月に1度以上機能を利用しているアカウント数）
※2 自社調べ LINEアプリ国内月間アクティブユーザー 2023年3月末時点
※3 LINEの国内月間 アクティブユーザー 9,500万人÷日本の総人口1億2,508万2000人（2022年8月1日現在（確定値）総務省統計局）
※4 無料メッセージは「メッセージ配信」の通数が対象です。チャットでのメッセージ通数は現プランと同様に対象外となり、通数制限はありません

おさえておきたい! LINE公式アカウント 基本機能13個

1 メッセージ配信

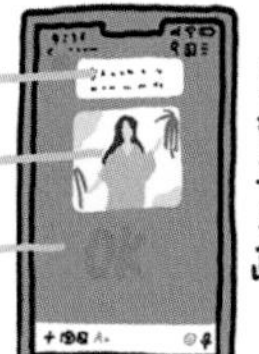

友だちになっているユーザーにメッセージを直接配信

2 LINE VOOM

毎日が楽しくなる動画がたくさん!

個性あふれるクリエイター

好きなコンテンツが必ず見つかる!

3 AI応答メッセージ

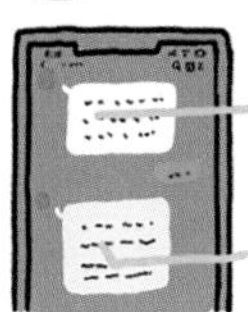

思わずクリックしたくなるビジュアル訴求!

4 リッチメッセージ

画像やテキストを一つのビジュアルに

5 カードタイプメッセージ

カルーセル形式で複数のカードを配置

6 リッチメニュー

LINE公式アカウントのトークに訪れた際、大きく開くメニュー

初回来店・リピートを促す!

7 クーポン

LINE上で使用可! 来店促進に

8 ショップカード

商品購入やサービス利用・来店のインセンティブとして。ポイントをLINE上で発行・管理

9 ステップ配信

設定した期間・対象に複数の自動メッセージを配信

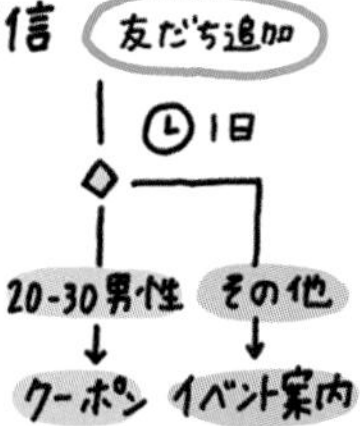

10 チャット

チャットで手軽にお問い合せ対応など

11 友だち追加

友だち追加を促進

12 プロフィール

企業やブランドの基本情報を掲載

13 LINEコール

ユーザーからLINE公式アカウントに無料で通話やビデオ通話

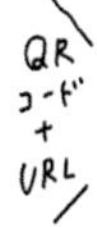

その他機能も盛りだくさん♪

LINE広告の特長

- ☑ 1日1,000円から！LINEに広告配信ができる！
- ☑ 国内の広告アカウント数65,000アカウント以上 ※1
- ☑ 全体の34%がEC関連 ※1

さまざまな業種・業界で

コスメ　不動産　人材　健康食品　ゲーム・アプリ

圧倒的な配信ボリューム

LINE月間利用者（MAU）

9,500万人に届く！ ※2

地域も年齢・性別もさまざま

LINE広告 主な配信面

トークリスト	LINE NEWS	LINE VOOM
1日あたりリーチ数 6,500万人	月間利用者数 7,700万人	動画広告をより自然に届けられる配信面

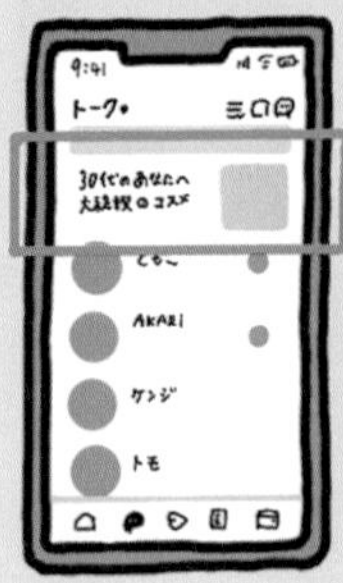

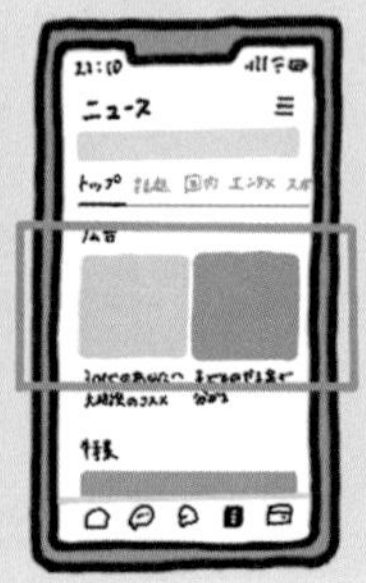

2022年4月Talk Head Viewの実績より　月間利用者数は2021年8月時点

フォーマットはさまざま

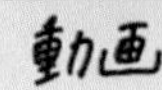

静止画		動画
○	制作コスト	△
○	制作時間	△
◎	展開しやすさ	△
○	印象	◎
△	情報量	◎

※1 自社調べ 2022年12月末時点の出稿実績より算出　LINE広告：コスメ、健康食品、ショッピング、ファッションを「EC業界」と定義
※2 自社調べ LINEアプリ 国内月間アクティブユーザー 2023年3月末時点

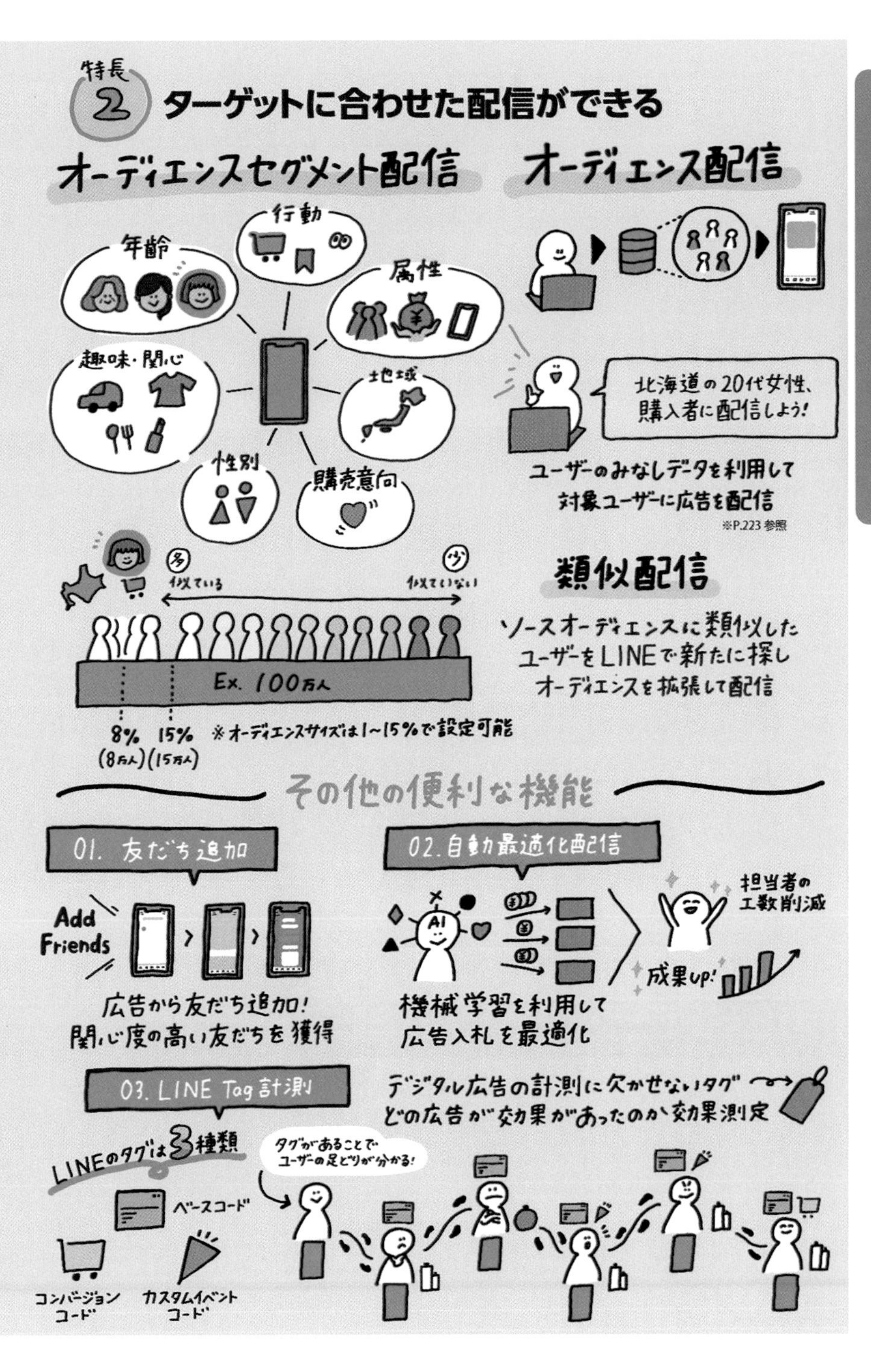
特長2 ターゲットに合わせた配信ができる
オーディエンスセグメント配信
行動
年齢
属性
趣味・関心
地域
性別
購売意向
オーディエンス配信
北海道の20代女性、購入者に配信しよう!
ユーザーのみなしデータを利用して対象ユーザーに広告を配信
※P.223 参照
多 似ている
少 似ていない
Ex. 100万人
8% (8万人)
15% (15万人)
※オーディエンスサイズは1~15%で設定可能
類似配信
ソースオーディエンスに類似したユーザーをLINEで新たに探しオーディエンスを拡張して配信
その他の便利な機能
01. 友だち追加
Add Friends
広告から友だち追加!関心度の高い友だちを獲得
02. 自動最適化配信
AI
担当者の工数削減
成果up!
機械学習を利用して広告入札を最適化
03. LINE Tag計測
デジタル広告の計測に欠かせないタグ
どの広告が効果があったのか効果測定
LINEのタグは3種類
タグがあることでユーザーの足どりが分かる!
ベースコード
コンバージョンコード
カスタムイベントコード

本書の読み方

活用ノウハウ①〜③では、LINEの法人向けサービスを事業主様の店舗やECサイトで実際に導入し、集客や販促にお役立ていただくための情報を以下のような構成で解説しています。

Q&A

本書では、LINE公式アカウントやLINE広告の活用ノウハウを目的別に解説しています。各目的は事業主様の「質問」や「知りたいこと」、それに対するLINEからの「回答」というQ&A形式でまとめています。

機能

この活用ノウハウで使用するLINEのサービス名や機能名などを記載しています。

実店舗／オンライン

この活用ノウハウに適した業態をアイコンで示しています。左が実店舗（拠点あり）型、右がオンライン（拠点なし）型です。

操作手順

LINE公式アカウントはスマートフォンの管理アプリ（未対応の機能のみWeb版管理画面「LINE Official Account Manager」）、LINE広告は管理画面「LINE Ad Manager」で、実際に操作するときの画面や、操作手順を掲載しています。

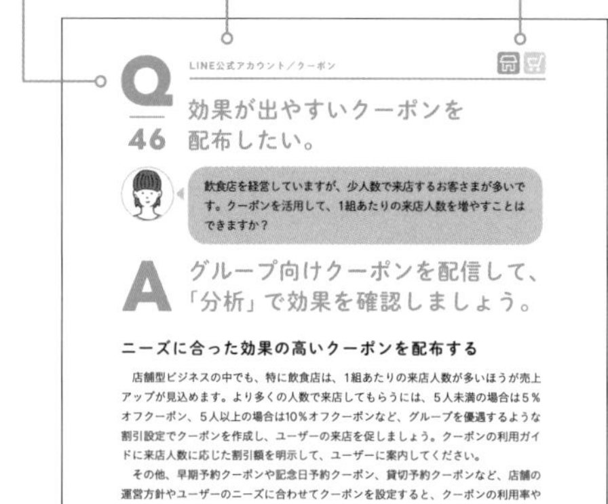

LINE公式アカウント／クーポン

Q 46 効果が出やすいクーポンを配布したい。

飲食店を経営していますが、少人数で来店するお客さまが多いです。クーポンを活用して、1組あたりの来店人数を増やすことはできますか？

A グループ向けクーポンを配信して、「分析」で効果を確認しましょう。

ニーズに合った効果の高いクーポンを配布する

店舗型ビジネスの中でも、特に飲食店は、1組あたりの来店人数が多いほうが売上アップが見込めます。より多くの人数で来店してもらうには、5人未満の場合は5％オフクーポン、5人以上の場合は10％オフクーポンなど、グループを優遇するような割引設定でクーポンを作成し、ユーザーの来店を促しましょう。クーポンの利用ガイドに来店人数に応じた割引額を明示して、ユーザーに案内してください。

その他、早期予約クーポンや記念日予約クーポン、貸切予約クーポンなど、店舗の運営方針やユーザーのニーズに合わせてクーポンを設定すると、クーポンの利用率や開封率が変わってきます。

配布したクーポンの効果は、「分析」機能を使って確認しましょう。クーポンの内容と分析数値を照らし合わせて検証することで、ユーザーのニーズが分かり、クーポン作成の新たなアイデアが生まれやすくなります。

期待できる効果

- グループ向けクーポンで来店人数が増え、売上増加が見込める
- さまざまなクーポンをきっかけに、新規ユーザーが増える
- 「分析」機能を通じて、新しいクーポンのアイデアを考えられる

134

クーポンの配信結果の確認方法

1［分析］→2［クーポン］を順にタップ。

効果を確認したい3［クーポン］をタップ。

クーポンの分析数値が表示された。

ワンポイントアドバイス

「抽選」の設定でクーポンに特別感を出す

クーポンの詳細設定には「抽選」の設定項目があります。全員にクーポンを配信するのではなく、取得者数を絞ることで特別感を付与することができ、利用数のアップが見込めます。当選確率は1〜99%の範囲内で設定できるほか、当選者の上限人数も設定できます。抽選の設定はデフォルトでは「使用しない」となっています。

［抽選］で設定できる。

関連

Q.13 友だちにメッセージと一緒にクーポンを配布したい。 P.051

Q.64 分析画面にはいろいろな数値があるが、何をどう見ればよい？ P.172

135

活用ノウハウ 2 初回利用編

期待できる効果

この活用ノウハウを取り入れていただくことで、具体的にどのようなメリットがあるのかを簡潔にまとめています。

関連

似た機能や操作を取り上げている活用ノウハウを紹介しています。

ワンポイントアドバイス

この活用ノウハウを実店舗やオンラインで取り入れていただく際に役立つ情報やアイデア、ヒントなどを紹介しています。

活用ノウハウ①
導入・認知獲得編

LINE公式アカウントとLINE広告の導入方法や、
ユーザーの認知を獲得するための
サービス活用について解説しています。

Q 01 LINEをビジネスにうまく活用するにはどうしたらいい？

LINE公式アカウントやLINE広告など、LINEの法人向けサービスを自社のビジネスの成長につなげるには、何をどう使ったらいいですか？ 各サービスの得意分野などがあれば知りたいです。

A 身近な事例を参考にしつつ、目的に応じて使い分けましょう。

目的がコミュニケーションか広告宣伝かで使い分ける

LINE公式アカウントは、中長期にわたる「コミュニケーション」を通した販促や集客、ブランディングに適しています。各種SNSの中でも、ユーザーの端末にメッセージをダイレクトに配信できる点が特徴的です。

一方、**LINE広告は店舗やサービスをより多くの人に認知してもらったり、利用を促進したりする目的に適しています**。LINEやLINEのファミリーサービス内に広告を表示して、9,500万人（2023年３月末時点）のLINEユーザーに訴求できます。ネット広告がどれだけ多くの人に到達したかを示す「リーチ」という指標がありますが、LINE広告は、そのリーチ獲得に最適なサービスです。

初めてLINE公式アカウントやLINE広告を利用する場合、まずは他の企業、店舗がどのように活用しているのか調べてみましょう。近隣の店や競合店などがすでにLINE公式アカウントを運用していれば、投稿内容や配信頻度などを参考にできます。

また、運用を担当している知り合いがいれば、その方法や得られた効果について話を聞いてみるのもよいでしょう。参考になるLINE公式アカウントが見つからなくても、LINEが公開している活用事例を見たり、定期的に開催されているセミナーに参加したりすれば、効率的に情報収集できます。

LINE広告は、いちユーザーとしてLINEを利用しながら、どのようなメッセージや画像があると広告に目を留めるか、興味を引かれるのか、受け手側の気持ちを意識するのが大切です。目についたクリエイティブを参考にしてみましょう。

期待できる効果

- 既存の活用事例があるので、参考にしやすい
- 適切なメッセージ配信の内容や頻度が分かる
- 興味を持たれやすい広告作成のコツが分かる

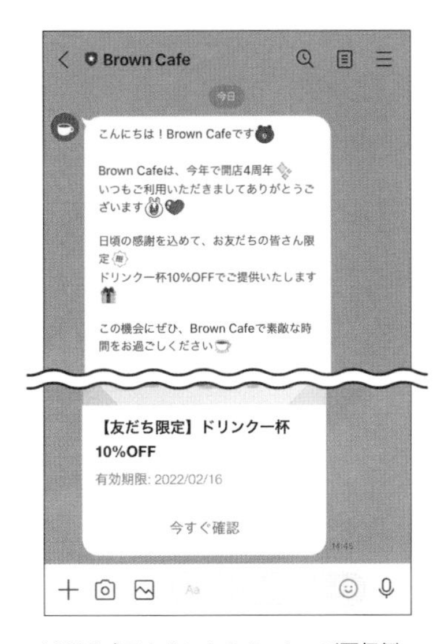

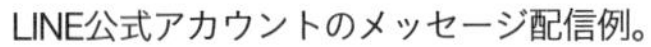

LINE公式アカウントのメッセージ配信例。

トークリストでのLINE広告の表示例。

［LINE公式アカウントとLINE広告の使い分け］

目的	LINE公式アカウント	LINE広告
商品・ブランド認知	△	◎
理解・好感度／利用意向UP	◎	○
Webサイトへの集客	○	○
アプリのインストール・利用促進	△	○
販促（オフライン）	◎	△
リピート	◎	△
友だち新規獲得	○	◎

Q 02 LINEの法人向けサービスはスマホだけでも運用できる？

店舗にパソコンがないので、スマホでLINE公式アカウントを使いたいです。LINE公式アカウントのほか、LINEが提供している法人向けサービスは、スマホがあれば利用できますか？

A LINE公式アカウントの基本的な運用はスマホでできます。

一部の機能やLINE広告の利用には、パソコンが必要

LINE公式アカウントは、管理アプリとパソコンで利用できるWeb版管理画面「LINE Official Account Manager」で運用できます。**アカウントの設定やメッセージ配信などの基本的な運用、効果分析は管理アプリでも操作できます**。店舗の営業時間中など、パソコンが手元にない場合はスマートフォンで代用できますが、Web版管理画面でしか利用できない機能もあります。以下の一覧を確認し、必要な環境を整えましょう。

なお、LINE広告の管理画面「LINE Ad Manager」は専用の管理アプリがないため、パソコンからの設定をオススメしています。

［Web版管理画面でのみ利用できるLINE公式アカウントの機能］

- リッチメッセージの作成（P.106）
- グループ（P.124）
- リッチビデオメッセージの作成（P.138）
- カードタイプメッセージの作成（P.140）
- オーディエンス（P.158）
- ステップ配信（P.166）
- リサーチ（P.086, P.168）
- アカウント満足度調査（P.170）

期待できる効果

- パソコンがなくても、スマホのみでサービスを運用できる
- Web版管理画面では、管理アプリよりも多彩な機能が活用できる

管理アプリへのログイン方法

1［LINEアプリで登録・ログイン］か2［メールアドレスで登録・ログイン］をタップして利用を開始する。

▷ 管理アプリ

App Store

Google Play

※上のQRコードをスマホで読み取ってダウンロードしてください。

Q 03 LINE公式アカウントとLINE広告を始める方法を知りたい。

LINE公式アカウントとLINE広告を利用したいと思っていますが、ログインするにはどうしたらよいでしょうか？ 個人のLINEアカウントを使う必要がありますか？

A 「LINEビジネスID」でログインできます。

LINE公式アカウント、LINE広告共通で利用できる

LINE公式アカウントやLINE広告など、LINEの法人向けサービスを利用するには、「LINEビジネスID」という共通認証システムにログインします。**共通のIDなので、サービスごとに異なるIDの作成は不要です**。LINEビジネスIDの作成やログインに必要となるのが、個人のLINEアカウントまたはメールアドレスで作成できるビジネスアカウントです。

LINEビジネスIDのログイン画面は、LINE公式アカウントの管理アプリの初回起動時やLINE公式アカウントのWeb版管理画面、LINE広告の管理画面へのアクセス時に表示されます。LINEアカウントを使う場合は、個人のLINEアプリ内で登録したメールアドレスとパスワード、もしくは表示されたQRコードを読み取ることでログイン可能です。

ビジネスアカウントを使う場合は、新たにメールアドレスとパスワードを登録します。仕事用のメールアドレスを使いたい場合や、個人で利用しているLINEアカウントを使用したくない場合に便利です。

期待できる効果

- **LINEの法人向けサービスは、共通のIDで利用可能**
- **共通のIDを使えるので、管理しやすい**
- **個人のLINEアカウントを使わなくても利用できる**

LINEビジネスIDのログイン方法

Web版管理画面、もしくはLINE広告の管理画面のURLにアクセスすると、LINEビジネスIDのログイン画面が表示される。**1**［LINEアカウントでログイン］をクリックすると、LINEアプリに登録しているメールアドレスとパスワード、もしくは表示されるQRコードを使ってログインできる。初回利用時にはメールアドレスとパスワードの入力が必要。ビジネスアカウントを作成したい場合は**2**［アカウントを作成］をクリック。

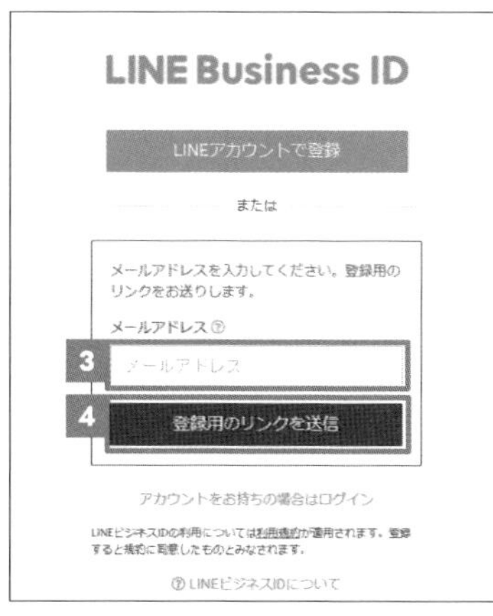

続いて［メールアドレスで登録］をクリックすると、メールアドレスの入力画面が表示される。**3**［メールアドレス］に登録したいメールアドレスを入力して**4**［登録用のリンクを送信］をクリックすると、入力したメールアドレスにアカウント登録用のリンクが送信される。

ワンポイントアドバイス

管理画面を間違えないようにしよう

LINE公式アカウントとLINE広告は管理画面が異なります。それぞれブックマークして、サービスごとに使い分けましょう。

▷ **LINE Official Account Manager（LINE公式アカウント）**
https://account.line.biz/login

▷ **LINE Ad Manager（LINE広告）**
https://admanager.line.biz

Q 04 個人アカウントをLINE公式アカウントに移行できる？

すでに個人のLINEアカウントでたくさんのお客さまとつながっています。メッセージの一斉配信やクーポンなどを使いたいので、個人アカウントをLINE公式アカウントに移行したいです。

A 移行はできません。LINE公式アカウントを新規開設しましょう。

LINE公式アカウントと個人アカウントの違い

個人アカウントは主に家族や友人間のコミュニケーションを、**LINE公式アカウントは企業・店舗とユーザーのコミュニケーションを目的にした異なるサービス**のため、移行できません。すでに個人アカウントでユーザーとつながっている場合は、LINE公式アカウントに誘導してください。

もともと利用していた個人アカウントからLINE公式アカウントに誘導するときに便利なのが、「おすすめ」機能です。一度に複数の友だちに対して、LINE公式アカウントの情報とメッセージを同時に送信できます。

「おすすめ」機能を使えば、LINE公式アカウントの情報を、友だちに対して一斉に送信できる。

他にも、来店した人への声がけや、メルマガなどでLINE公式アカウントを開設したことをお知らせして、友だち追加してもらいましょう。新規で友だち追加したユーザーに自動で配信される「あいさつメッセージ」でクーポンの配布などをすると、ユーザーに分かりやすくメリットを提供できるので、友だち追加を促せます。

期待できる効果

- **プライベート用とビジネス用で区別してアカウントを運用できる**
- **企業・店舗用のアカウントなので、ユーザーの信頼を得やすい**
- **専用の管理画面があるので、ビジネスで活用しやすい**

「おすすめ」機能で個人アカウントの友だちにLINE公式アカウントの友だち追加を促す方法

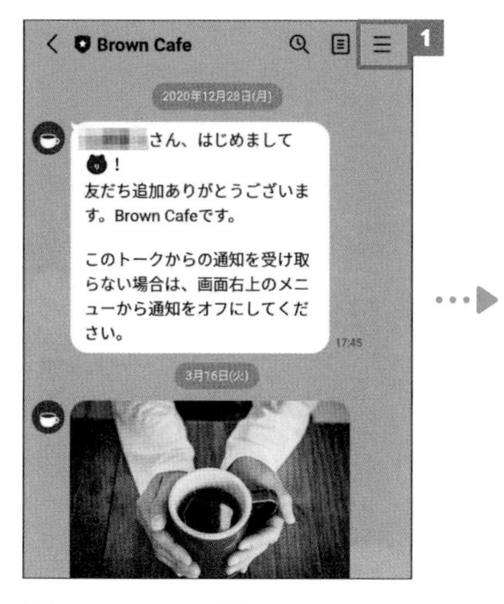

個人アカウントで、開設したLINE公式アカウントのトーク画面を表示し、**1**をタップ。

2［おすすめ］をタップする。

LINE公式アカウントの連絡先を送信したい**3**友だちやトークをタップして選択したら、**4**［メッセージを入力］に一緒に送信したいメッセージを入力。**5**［転送］をタップすると、個人アカウントの友だちにLINE公式アカウントのリンクと入力したメッセージが送信される。

Q 05 LINE公式アカウントの料金プランの選び方を知りたい。

まずは、LINE公式アカウントを開設したいのですが、どの料金プランを選べばいいのでしょうか？ 料金プランの選び方を知りたいです。

A 利用できる機能は全プラン同じ。目的に合わせてプランを選ぼう

チャットかメッセージ配信か、目的に応じて料金プランを選ぼう

LINE公式アカウントの料金プランは、コミュニケーションプラン、ライトプラン、スタンダードプランの3種類があります。コミュニケーションプランは、ユーザー一人ひとりとの個別チャットを目的とした限定的な利用を想定している場合に、ライトプランとスタンダードプランは、友だちを増やしてユーザーにメッセージを配信したい場合に適しています。どのプランでも、利用できる基本機能は共通です。

LINE公式アカウントでは、一斉配信だけでなく、ユーザーの属性や行動に応じて、それぞれの興味や関心に合わせたメッセージが配信できます。例えば、初回購入後1カ月の人限定のクーポンを送る、開封率の高い人にメッセージを配信するなど、目的に合わせたメッセージを配信することで、効果を最大化できます。**最初はライトプランでスタートし、友だちの数が増えてきたり、配信頻度を増やしたりしたい場合は、スタンダードプランに移行するのがおすすめ**です。

期待できる効果

- 開設費用はどのプランでも無料で始められる
- コミュニケーションの目的に合わせてプランを選べる
- 個別チャット、あいさつメッセージなどは無料配信できる

支払い方法の設定

Web版管理画面で1［設定］→2［お支払い方法］→3［追加］を順にクリックすると、LINE公式アカウントの支払い方法を設定できる。

［LINE公式アカウントの料金プラン］

プランの種類	コミュニケーションプラン	ライトプラン	スタンダードプラン
月額固定費	無料	5,000円	15,000円
配信可能なメッセージ通数／月	200通まで	5,000通まで	30,000通まで
追加メッセージ従量料金	不可	不可	～3円／通

※費用はすべて税別

関連
Q.06 オンシーズンとオフシーズンで料金プランを変更したい。…… P.036
Q.34 リアルタイムで商品説明やカウンセリングを行いたい。…… P.108

Q 06 オンシーズンとオフシーズンで料金プランを変更したい。

冬の利用が多いサービスを提供しています。繁忙期はメッセージを多く配信したいのですが、閑散期は配信を控えたいです。配信量に合わせて料金プランを切り替えられますか？

A アップグレードとダウングレード、どちらも可能です。

配信頻度に合わせて料金プランを変更できる

季節によって需要が変動する業種では、オンシーズンとオフシーズンでメッセージ配信の頻度を調整することがあります。LINE公式アカウントの料金プランは、配信頻度やメッセージ通数に合わせて切り替えることができます。

コミュニケーションプランからライトプラン、スタンダードプランへのアップグレードは、即日反映されます。ただし、コミュニケーションプランのときに送信したメッセージ通数は引き継がれるので注意しましょう。ライトプラン、スタンダードプランからのダウングレードは翌月に反映されるので、変更のタイミングに気を付けてください。

オンシーズンとオフシーズンの他にも、キャンペーンやセールの開催など、**集客や販促を強化したいタイミングであればプランをアップグレード**して、集中的にメッセージの配信を増やすと効果的です。

期待できる効果

- **予算や目的に合わせて柔軟に運用できる**
- **オンシーズン中は、配信を強化することで効果が最大化できる**
- **オフシーズンは最低限のメッセージ配信を行うことで、ブロックを防止できる**

料金プランの変更方法

※画像はイメージです。一部、実際の管理画面とは異なる場合があります。

ホーム画面の**1**［設定］→**2**［月額プラン］を順にクリックすると、プランの一覧が表示される。切り替えたいプランの**3**［アップグレード］もしくは［ダウングレード］をクリックすると変更可能。

ワンポイントアドバイス

オフシーズンはメッセージを送らなくてもいい？

配信頻度について調査したところ、性別年代問わず「1週間に1～3回程度の配信が適切」と回答するユーザーがもっとも多く、全体で半数弱となりました。メッセージが長期間届かないと、友だち追加したことすら忘れられる可能性があります。オフシーズンにも、繁忙期の振り返りや次のシーズンに向けて準備している商品やサービスに関する情報、スタッフの紹介など、ユーザーにお得感や「なるほど！」と感じてもらえる情報を配信しましょう。

関連

Q.05　LINE公式アカウントの料金プランの選び方を知りたい。……P.034

Q 07 アカウント名の横についている「バッジ」は何？

LINE公式アカウントを見ていると、アカウント名の左側に青いバッジがついているもの、グレーのバッジがついているものがあります。このバッジは何を意味しているのでしょうか？

A 青は認証済アカウント、グレーは未認証アカウントです。

認証済アカウントは検索結果にも表示される

LINE公式アカウントには、審査を経て取得できる「認証済アカウント」と個人・法人問わず審査なしで取得できる「未認証アカウント」があります。認証済アカウントは青いバッジが表示され、LINEアプリ内でのアカウント検索結果に表示されるほか、Web版管理画面で友だち集めに有効なLINEの公式キャラクター入りのポスターなどをダウンロードできます。

認証済アカウントであることを示す青色のバッジ。

未認証アカウントでも利用機能に制限はありませんが、LINEアプリ内の検索では表示されません。**認証済アカウントの申請は、アカウント開設時に申し込めるほか、途中からでも認証済アカウントを申請できます**。審査の結果は、約2週間で通知されます。不承認だった場合は、以下のURLを参照し、違反がないか確認した上で再申請してください。

▷ **LINE公式アカウントガイドライン**
https://terms2.line.me/official_account_guideline_jp

期待できる効果

- **LINEアプリ内でアカウントを検索してもらえる**
- **認証済アカウントの企業・店舗はユーザーにより信頼してもらえる**

アカウント認証の申請方法

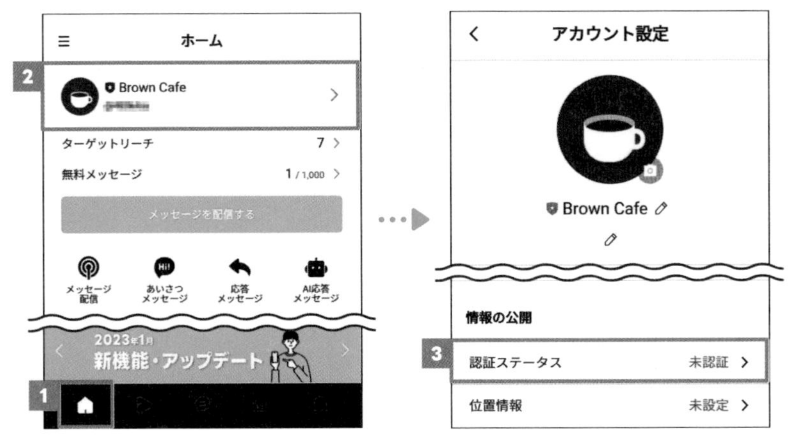

1 ［ホーム］→2 を順にタップすると、［アカウント設定］が表示される。［認証ステータス］の3 ［未認証］をタップすると、［認証ステータス］の画面に切り替わる。［アカウント認証をリクエスト］をタップすると、申請が完了する。

ワンポイントアドバイス

認証済アカウントで購入できる有償ノベルティの例

①三角POP
500円（税別）/1枚

②三角POP（自由記入枠あり）
500円（税別）/1枚

③ステッカー
200円（税別）/1枚

④ラミネートパネル（A5サイズ）
600円（税別）/1枚

⑤ラミネートパネル（A4サイズ）
800円（税別）/1枚

⑥ショップカード
3,000円（税別）/1セット（100枚）

08 分かりやすい文字列のIDにしたい。

LINE公式アカウントの開設をお客さまにお知らせしようと思ったのですが、IDの文字列が覚えにくいです。近所のお店は店名に合わせたIDになっていますが、同じようにできますか？

A 「プレミアムID」を利用すると、IDの文字列を指定できます。

店名にちなんだIDも設定可能

LINE公式アカウントの開設直後は、ランダムな文字列の「ベーシックID」が割り当てられます。「プレミアムID」では、**店舗名やサイト名などを含めた、ユーザーの印象に残りやすいIDを取得できます**。

プレミアムIDは「@+指定文字列」で構成されます。指定文字列は4～18字で、半角英数字と「.」「_」「-」の記号のみ指定でき、大文字は使用できません。

プレミアムIDの利用は有料で、月額100円（税別）、または年額1,200円（税別）です。購入経路によって価格が異なる場合があるほか、iOSアプリでは1つのApple IDにつき1つのプレミアムIDしか購入できないため、複数IDを希望する場合はWeb版管理画面から購入してください。

通常のベーシックIDは、アカウント作成時にランダムな文字列が自動で付与される。文字列を指定したプレミアムIDの作成も可能。

期待できる効果

- **プレミアムIDで指定の文字列にすると、ユーザーがLINE内でID検索するときに分かりやすい**
- **店名やサービス名にちなんだIDだと、公式感がありユーザーに信用してもらえる**

プレミアムIDの購入方法

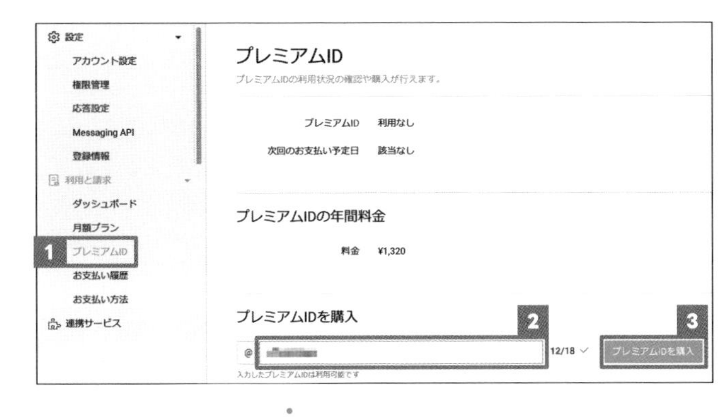

Web版管理画面で［設定］→1［プレミアムID］を順にクリックすると、［プレミアムIDを購入］と表示される。2に希望するIDを入力して3［プレミアムIDを購入］をクリック。

［プレミアムIDを購入］ダイアログボックスが表示された。4［利用規約］をクリックして確認したあと、5をクリックするとチェックマークが付く。続けて6［購入］をクリックすると購入が完了する。

ワンポイントアドバイス

プレミアムID設定のヒント

　指定した文字列が他のアカウントで利用されている場合、同じプレミアムIDは取得できません。取得したいIDが利用できない場合は、以下のような組み合わせで設定するとよいでしょう。

• 店舗名-地域名	browncafe-yotsuya
• 店舗名_商品・サービス名	browncafe_coffee
• 店舗名.設立年	browncafe.2023
• 数字語呂合わせ_店舗名	55_browncafe

Q 09 複数人でLINE公式アカウントを管理したい。

LINE公式アカウントをローテーションで運用したいのですが、複数人で管理できますか？ また、全員にすべての権限を渡すのではなく、特定のメンバーの権限は制限したいです。

A 複数人でのアカウント管理や、権限設定に対応しています。

複数人で管理すれば、運用負荷も分散できる

LINE公式アカウントは、複数人で管理できます。**担当者が不在の場合に他のメンバーが対応したり、上司が配信内容をチェックしたりするときなどに、複数人にアカウント権限を設定しておくと便利です**。

権限には全権限がある「管理者」、メンバー管理以外の権限がある「運用担当者」、配信権限のない「運用担当者（配信権限なし）」、分析の閲覧ができない「運用担当者（分析の閲覧権限なし）」の４種類があり、メンバーそれぞれにどの権限を振り分けるかを設定可能です。1つのアカウントに対して最大100人までメンバーを登録できます。メンバーの追加には認証用URLを発行してメールで送信する方法と、LINEでつながっているユーザーを選択する方法があります。

メッセージ配信のほか、ユーザーからのLINEチャットに返信する際も、アカウントの運用メンバーが複数いると、一人ひとりの負担を軽減できます。なお、当該メンバーが退職したり異動したりする場合は、権限解除を忘れずに行いましょう。

期待できる効果

- **権限別にメンバーを追加すれば、円滑にアカウントを運用可能**
- **アカウントの担当者が複数人いると、ユーザーからの問い合わせに迅速に対応できる**

メンバーの追加方法

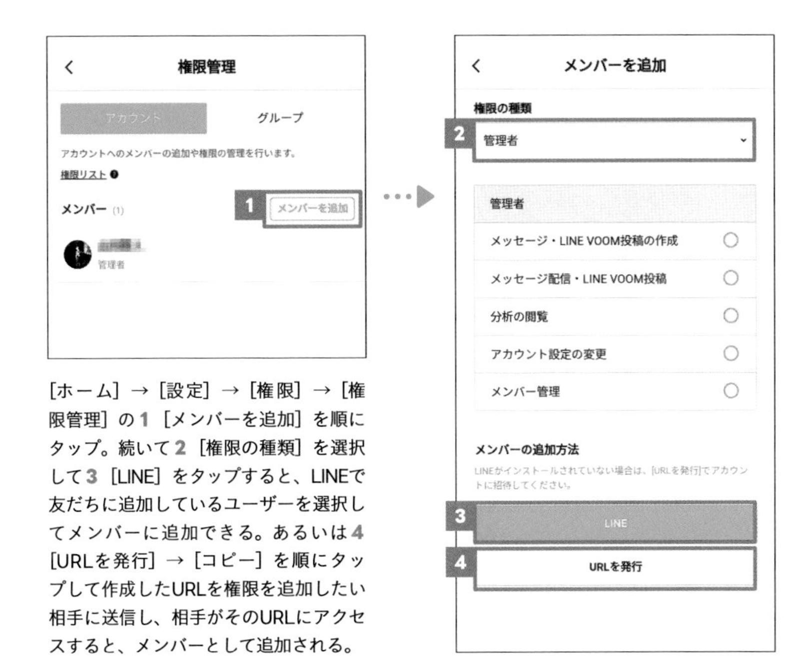

［ホーム］→［設定］→［権限］→［権限管理］の1［メンバーを追加］を順にタップ。続いて2［権限の種類］を選択して3［LINE］をタップすると、LINEで友だちに追加しているユーザーを選択してメンバーに追加できる。あるいは4［URLを発行］→［コピー］を順にタップして作成したURLを権限を追加したい相手に送信し、相手がそのURLにアクセスすると、メンバーとして追加される。

［権限の種類］

権限の種類	管理者	運用担当者	運用担当者（配信権限なし）	運用担当者（分析の閲覧権限なし）
メッセージ・LINE VOOM投稿の作成	○	○	○	○
メッセージ・LINE VOOM投稿の配信	○	○	×	○
分析の閲覧	○	○	○	×
アカウント設定の変更	○	○	○	○
メンバー管理	○	×	×	×

ユーザーにLINE上で店舗の基本情報を知らせたい。

ユーザーが来店しやすくなるように、LINE上でも店舗の住所や電話番号、営業時間などの基本的な情報を掲載したいです。情報をまとめて掲載できる場所はありますか？

A LINEとWeb両方から見られる「プロフィール」を設定しましょう。

ホームページの代わりに情報を掲載

「プロフィール」には、パーツと呼ばれる情報項目を自由に追加できます。**パーツには複数の種類があり、例えば「アカウント情報」では住所や電話番号、営業時間などの基本情報が、「コンテンツ」では商品情報などが掲載できます**。他にも、作成済みの「クーポン」や「ショップカード」なども掲載できるため、ユーザーとのコミュニケーションを深めるきっかけをつくれます。

「プロフィール」に自社の情報を掲載できる。1［ステータスメッセージ］も設定するとよい。

期待できる効果

- **店舗の基本情報をユーザーに確認してもらえる**
- **トークや電話などの機能をワンタップで利用してもらえる**
- **プロフィールにクーポンを設置すると、来店のきっかけになる**

[パーツで設定できる内容]

- 自由記述（写真・動画と説明文）
- アイテムリスト(メニューや商品など)
- 最近の投稿
- ショップカード
- クーポン
- 基本情報（住所、電話番号、営業時間、予算、WebサイトURLなど）
- お知らせ（アカウントに関する重要な情報や告知など）
- SNS（SNSアカウントのアイコン）
- 感染症対策（新型コロナウイルス感染症対策の詳細）
- デリバリー・出前・宅配（デリバリーの時間やエリア、条件など）
- テイクアウト（テイクアウトの時間や注文方法など）
- よくある質問など

プロフィールの設定方法

[ホーム] → [プロフィール] を順にタップすると、プロフィールの編集画面が表示される。**1** [パーツを追加] をタップすると、パーツの追加と編集が可能。**2** [保存した内容を公開] をタップすると、**3** [オン] にしたパーツがプロフィールに表示される。

関連
Q.07 アカウント名の横についている「バッジ」は何？ ………… P.038

Q 11 友だち追加してくれたユーザーに、最初にお礼を伝えたい。

友だち追加してくれた新規ユーザーに、お礼を伝えたり、LINE公式アカウントの説明をしたりしたいです。友だち追加のタイミングはユーザーによって違いますが、どうすればよいですか？

A 「あいさつメッセージ」を設定しましょう。

自動で配信されるメッセージを設定

「あいさつメッセージ」は、ユーザーがLINE公式アカウントの友だちになってくれたタイミングで自動配信されるメッセージです。**ユーザーとの最初のやりとりになるので、友だち追加してくれたお礼や今後配信する内容などを伝え、長い関係性を築けるようにしましょう**。

あいさつメッセージでは、通常のテキストメッセージのほか、画像やクーポンなどを送ることもできます。この段階でクーポンを送信すればユーザーにお得感を与えることができ、この先も「友だちでいることのメリット」を強く訴求することができるでしょう。

通知が多すぎるとLINE公式アカウントをブロックされる可能性があるため、「週1回のペースで、メッセージ配信をします」など、その後の配信頻度についてお知らせしてもよいかもしれません。LINEチャットや応答メッセージなどによる予約や各種問い合わせに対応している場合は、それらの利用についても案内するとよいでしょう。

あいさつメッセージでクーポンを一緒に送ると、ユーザーにお得感を与えることができる（クーポンは事前に作成してください）。

期待できる効果

- 友だち追加と同時にメッセージが配信されるため、通常のメッセージよりも読まれる可能性が高い
- LINE公式アカウントで得られる情報や利用できる機能などについて告知・案内できる

あいさつメッセージの設定方法

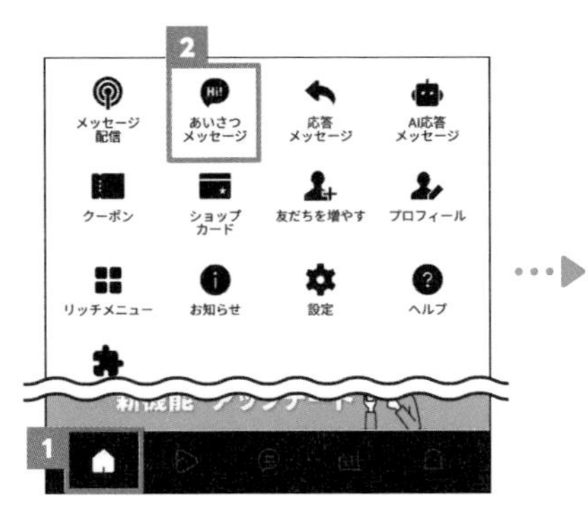

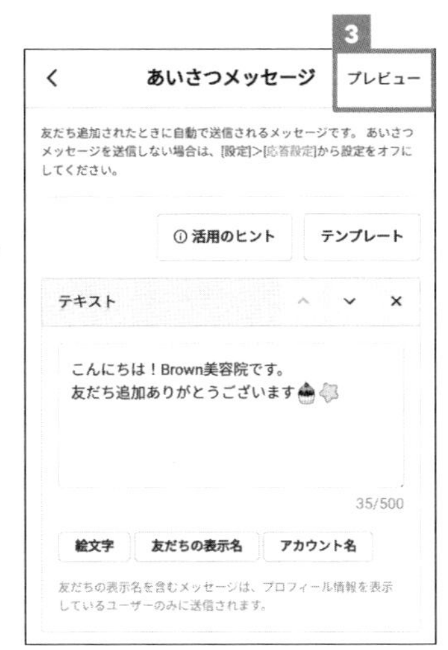

1［ホーム］→ 2［あいさつメッセージ］を順にタップすると、［あいさつメッセージ］の設定画面が表示される。テキストやクーポンなどの設定が可能。3［プレビュー］をタップすると、設定したメッセージの配信イメージを確認できる。

ワンポイントアドバイス

「あいさつメッセージ」のテンプレート機能を活用しよう

あいさつメッセージには、「友だち追加」「クーポン」「トークで予約」「お問い合わせ受付」の4種類のテンプレートが用意されています。内容は自由に編集できるので、運用目的に合わせたテンプレートを選択して活用しましょう。

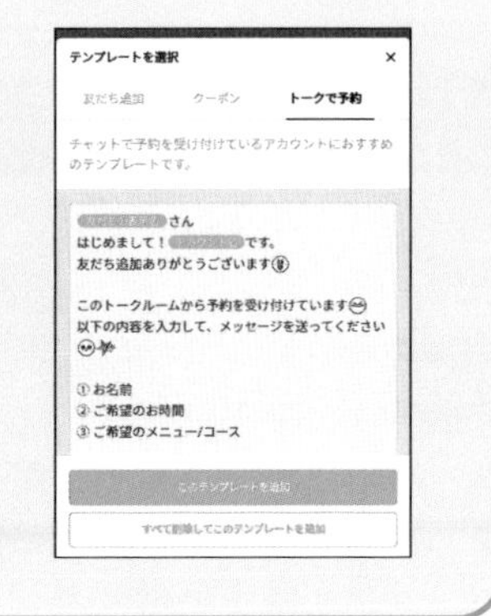

12 DMやチラシの代わりになる、情報の発信手段を探している。

これまで、DMやチラシを中心に集客をしてきましたが、年々効果が薄くなっています。紙媒体は費用もかかるので、他によい方法があればそちらに移行したいです。

A LINE公式アカウントでメッセージを配信しましょう。

ユーザーに情報を直接届けられる

LINE公式アカウントでは、友だち追加してくれたユーザーに直接メッセージを配信できます。メッセージの特徴は「プッシュ型配信」であることです。**LINE公式アカウントのメッセージが届くとスマホに通知され、ユーザーは好きなタイミングでメッセージを確認できるので、開封率が高くなる**傾向にあります。

メッセージは、テキストや写真、動画、クーポン、リッチメッセージなど、さまざまな形式を選択できます。従来、DMやチラシ用に使っていたデータを画像配信するのもオススメです。また、LINEの友だち限定のクーポンやシークレットセールの情報などを配信すれば、DMやチラシのように見る前に捨てられてしまうこともなく、確実に情報を届けられるでしょう。

友だち追加しているユーザーにメッセージを配信できる。

期待できる効果

- 紙のDMに比べて、届けたい相手にメッセージを届けられる
- お得な情報が定期的に配信されることで、ユーザーの関心が高まる
- 友だち限定の情報などで、お得感を演出できる

メッセージの配信方法

［ホーム］画面の **1**［メッセージを配信する］をタップ。

2［追加］をタップすると、配信するメッセージ形式の選択画面が表示される。

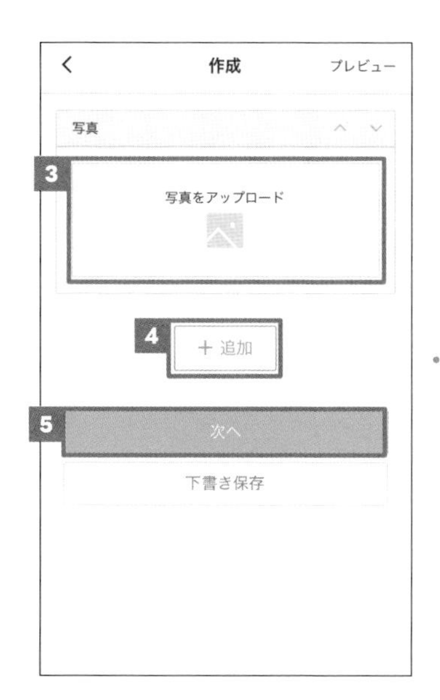

［写真］を選択した場合、写真のアップロード画面が表示される。**3**［写真をアップロード］をタップすると、配信する画像を選択してアップロードできる。**4**［追加］をタップすると配信内容を追加できる。編集が完了したら **5**［次へ］をタップ。

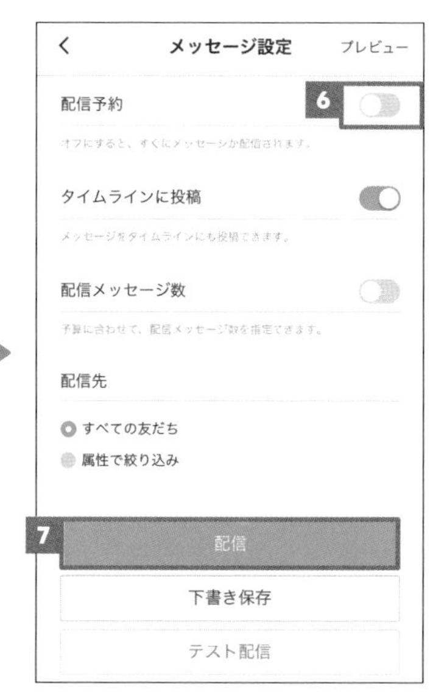

［メッセージ設定］画面が表示された。［配信予約］を **6**［オフ］にした状態で **7**［配信］をタップすると、すぐにメッセージを配信できる。

次のページに続く

[配信できるメッセージの種類]

項目	配信できるデータ
テキスト	テキストの最大文字数は500文字まで。絵文字も可能
スタンプ	LINEの標準スタンプ
写真	保存済みの写真またはカメラで撮影した写真
クーポン	作成済みのクーポン
リッチメッセージ	作成済みのリッチメッセージ
リッチビデオメッセージ	作成済みのリッチビデオメッセージ
動画	保存済みの動画またはカメラで撮影した動画。最大サイズは200MB以下
ボイスメッセージ	保存済みのボイスメッセージ。最大サイズは200MB以下
リサーチ	作成済みのリサーチ
カードタイプメッセージ	作成済みのカードタイプメッセージ

ワンポイントアドバイス

1回の配信で3要素まで送信可能

　メッセージ配信は企業・店舗がユーザーとのコミュニケーションを深める上で中心となる機能です。テキストの他に画像や音声、動画やスタンプを送ることができ、1回の配信で同時に最大3要素まで設定できます。

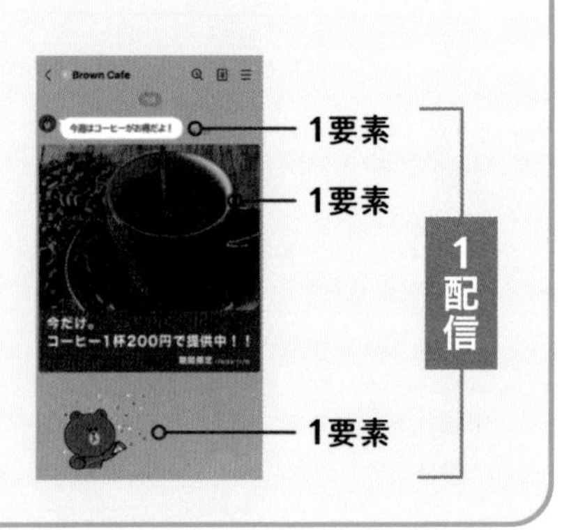

関連

Q.14　季節に合わせて情報を発信するコツを知りたい。……P.054

Q13 友だちにメッセージと一緒にクーポンを配布したい。

他のお店のLINE公式アカウントを友だち追加しており、クーポンが送られてくるとお得感があります。クーポンの作り方や送り方について詳しく知りたいです。

A 「クーポン」の作成後、ユーザーに配信しましょう。

クーポンにはさまざまな設定が可能

友だち追加してくれたユーザーに、割引やプレゼントなど、さまざまなタイプのクーポンをLINE上で配信できます。サービスをお得に利用できる「クーポン」は、来店や購入などユーザーのアクションにつながりやすいので、**初回購入・利用はもちろん、リピーターの増加にも効果的です**。

クーポンはメッセージやプロフィール上などで配信・掲載できますが、あらかじめ作成する必要があります。また、ユーザーにクーポンを提供する前に、対応オペレーションを決めておけば、スムーズに施策を実行できるでしょう。

クーポンは、有効期限、使用回数、公開範囲などを自由に設定できます。他のSNSなど、友だち以外にも表示される場所で公開すれば、友だちの新規追加にもつなげられます。また、抽選でクーポンが当たるように設定することもできるので、ユーザーが楽しみながら利用できるクーポン活用を考えましょう。

クーポンを配布することで、リピーターの増加も期待できる。

次のページに続く

期待できる効果

- クーポンをきっかけに、来店やサービス利用を検討してもらえる
- 定期的にクーポンを配信することで、ブロック防止につながる
- お得なクーポンが当たる抽選は、ゲーム感覚で楽しんでもらえる

クーポンの作成方法

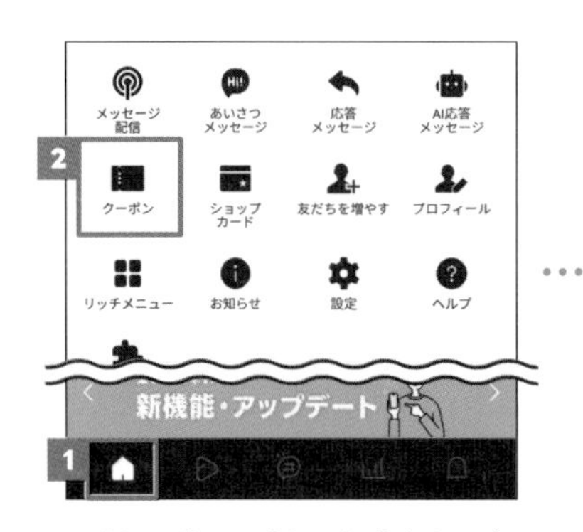

1［ホーム］→2［クーポン］をタップ。

作成済みのクーポンの一覧が表示された。新たなクーポンを作成するには3［作成］をタップ。

クーポンの作成画面が表示された。4［クーポン名］と5［有効期間］、6［写真］を設定したら、画面をスクロールする。

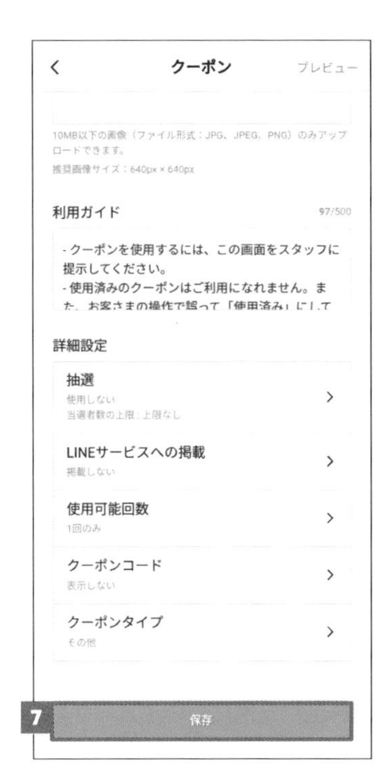

[利用ガイド] には、クーポンの利用方法を入力できる。抽選や公開範囲の設定は [詳細設定] のそれぞれの項目をタップして選択する。設定が完了したら7 [保存] をタップ。

クーポンが保存され、[クーポンをシェア] と表示された。ここからクーポンを含めたメッセージなどを作成できる。

ワンポイントアドバイス

生活サイクルに合わせてクーポンを送信

身近なツールであるLINEで「すぐに使えるクーポン」を送ることで、来店やサービス利用などのアクションを喚起することができます。以下のように、ユーザーの生活サイクルに合った時間帯にクーポンを送ると、開封率や使用率のアップが見込めます。

- ランチクーポン→昼の11時ごろ
- 週末限定クーポン→金曜の夜や土曜の午前中
- 配信が集中する0時ジャストの数分前もしくは数分後

関連

Q.45 クーポンを他のSNSでもシェアしたい。 P.132

Q 14 季節に合わせて情報を発信するコツを知りたい。

季節ごとのイベントに合わせてメッセージを送りたいのですが、気付くとタイミングを逃していたり、直前の案内になったりしてしまいます。うまく配信するコツはありますか？

A 「配信カレンダー」を活用しましょう。

よりタイムリーな情報を届けられる

LINEユーザーの約８割（2023年３月末時点）が1日1回以上LINEを起動しています。**日常の中で「LINEをチェックする」という行動が当たり前になっているからこそ、多くのユーザーに情報を届けやすい**のがLINE公式アカウントの強みです。

季節ごとのイベントメッセージの作成には、「配信カレンダー」が役立ちます。季節の行事やイベント、祝日などがまとまっているうえ、それらをもとにしたメッセージの配信例も紹介しているので、以下のURLを参考にしてください。

なお、メッセージは配信したい日付・時刻を設定する「配信予約」ができます。タイミングよく配信するのが難しい、または忘れてしまいそうな場合は、あらかじめメッセージを作成し、配信予約しておくと便利です。配信予約中のメッセージはいつでも、編集・削除できます。イベントの中止や世情の変化などがあれば、配信される前にメッセージの編集や配信予約の取り消しをしましょう。

▷ 資料ダウンロード - LINE公式アカウント 配信カレンダー
https://www.linebiz.com/jp/ebook/oa_calendar/download/
※パソコンからのアクセスを推奨

期待できる効果

- **タイムリーに情報を届けられるのでチェックしてもらいやすい**
- **季節ごとのイベントに合わせて、商品・サービスをアピールできる**
- **季節に合わせた情報をきっかけに、コミュニケーションが深まる**

メッセージの配信予約方法

P.049を参考にメッセージを作成して［配信予約］を1［オン］にすると、2が空欄の状態で表示される。2をタップするとカレンダーが表示され、配信日時を設定できる。3［OK］をタップすると2に日時が入力された状態になる。4［配信］をタップし、指定した日時になると、メッセージが配信される。

ワンポイントアドバイス

今すぐ無料で使える テンプレート画像を活用しよう

「LINEキャンパス」に、テンプレート画像（「クーポン」「リッチメッセージ」「リッチメニュー」「カードタイプメッセージ」）を公開しています。さまざまな業種で利用できるパターンを用意しているので、ダウンロードして活用しましょう。

季節のイベントに合わせたテンプレート画像も掲載。

▷ **LINE キャンパス - 無料でもらえるテンプレート画像まとめ**
https://campus.line.biz/line-official-account/courses/template

Q 15 トーク画面内にWebサイトへの誘導ボタンを設置したい。

LINE公式アカウントから外部のWebサイトに誘導したいのですが、URLをメッセージ配信してもなかなかアクセスしてもらえません。何かよい方法はありますか？

A 「リッチメニュー」を活用しましょう。

画像や外部リンクを自由に設定できる

「リッチメニュー」を設定すると、トーク画面の下部にメニューを表示できます。ユーザーの目を引きやすく、タップされやすいのが特徴です。ショップカードなど**LINE上で使える機能だけでなく、リンクを指定すれば外部のWebサイトへの誘導もできます**。

キャンペーンなどを実施するときに、情報が集約されているページに友だちを遷移させることができれば、高い集客効果が期待できます。

リッチメニューにはテンプレートやデフォルト画像が用意されているので、設定は難しくありません。自分で用意した画像を使うこともできるので、デザインを確認しながら、友だち追加したユーザーがタップしたくなるようなリッチメニューを作成しましょう。

「リッチメニュー」をタップすると、外部のWebサイトへのアクセスも可能。

期待できる効果

- トーク画面の下部に大きく表示されているので、目に入りやすい
- ワンタップでさまざまな情報にアクセスしてもらえる
- 重要な情報は大きく表示させることで、誘導効果を高めることができる

リッチメニューの設定方法

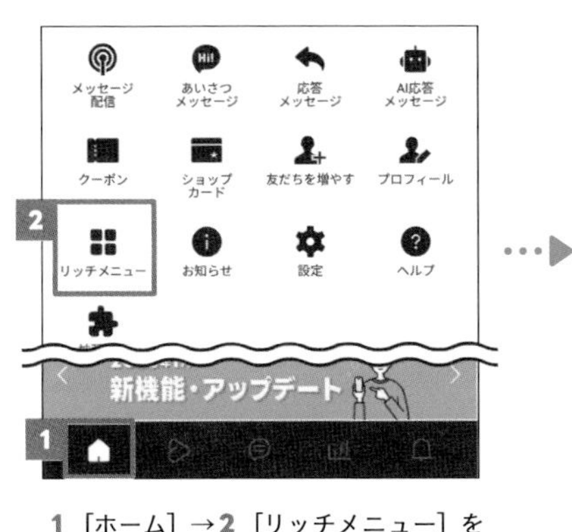

1［ホーム］→2［リッチメニュー］を順にタップすると、リッチメニューの設定画面が表示される。［作成］をタップ。

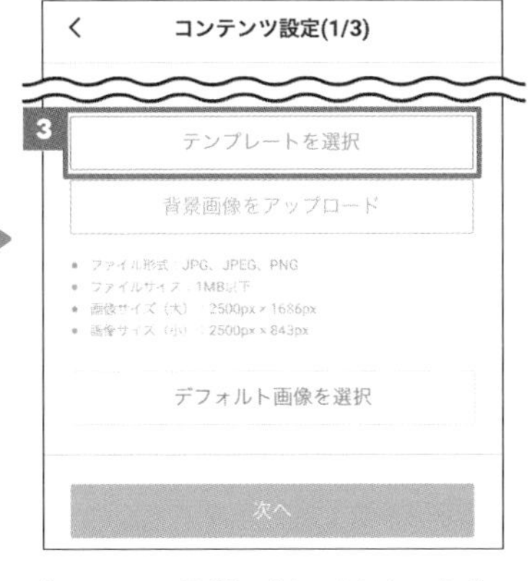

［コンテンツ設定］が表示された。3［テンプレートを選択］をタップすると利用できるテンプレートの一覧が表示される。使用するものをタップして［選択］をタップ。

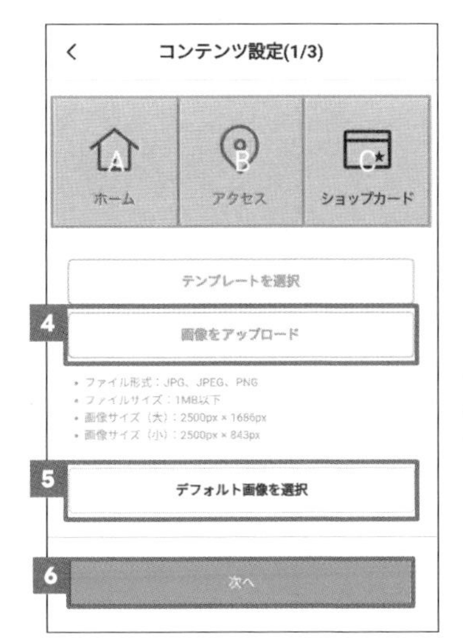

テンプレートが選択された。オリジナルの画像を使用する場合は4［画像をアップロード］をタップして、スマホの画像フォルダーから使用する画像を選択する。5［デフォルト画像を選択］から、目的に合う画像を選択して設定することも可能。設定が完了したら6［次へ］をタップ。

次のページに続く

［アクション設定］が表示された。ボタンの中身を設定できる。7［タイプ］を選択すると、それに合わせて入力する項目が表示されるので、それぞれタップして入力する。完了したら8［次へ］をタップ。

［表示設定］が表示された。メニューのタイトルや表示期間、メニューバーのテキスト、メニューのデフォルト表示の設定ができる。9［保存］をタップすると［保存しますか？］と表示されるので、その中の［保存］をタップ。

リッチメニューが保存された。［ホーム］→［リッチメニュー］をタップすると、作成したリッチメニューを一覧で確認できる。保存したリッチメニューは、設定した表示期間になると自動で公開される。

Q16 店舗に来店したユーザーに友だち追加してほしい。

来店客にLINE公式アカウントの友だち追加を促したいのですが、どのように案内すればよいでしょうか。何かよい方法はありますか？

A 印刷するだけで使える、QRコード付きのポスターがあります。

認証済アカウントなら有償ノベルティも購入できる

LINE公式アカウントの友だちを増やすには、Web上での告知に加えて、店舗がある場合は来店したユーザーに友だち追加してもらうことが大切です。

店内でLINE公式アカウントの情報を知らせるには、管理画面上でデザインとメッセージを選択するだけで簡単に作成できるポスターが便利です。**友だち追加用のQRコードが掲載されている**ので、スマホのカメラで読み取ってもらえば、簡単に友だち追加してもらえます。作成したデータを印刷して、お店の入り口や客席、レジ周りなどに掲出しましょう。ポスターはA2（420×594mm）、B2（515×728mm）など大きめのサイズで印刷すると、遠くからでも見やすいのでおすすめです。ポスターをA4サイズに印刷すれば、商品を購入した人に手渡したり、商品の配送時に同梱したりするチラシとしても利用できます。

その他、認証済アカウントであれば、友だち追加用のQRコードが印刷された三角POPやショップカード、ステッカーなどの有償ノベルティ（Q.07／P.039）を管理画面から購入できます。ポスターを貼れない各テーブルやレジ周りに三角POPを置いたり、直接ショップカードを手渡したりすると、よりユーザーにLINE公式アカウントを友だち追加してもらいやすくなります。

これらのアイテムを利用しつつ、友だち追加特典の提供方法など、店内のオペレーションを整理して、直接ユーザーとコミュニケーションを取るようにしてください。

次のページに続く

期待できる効果

- **ポスターやPOPを店内の目に留まりやすい場所に設置しておけば、LINE公式アカウントを開設しているお店だとすぐ伝わる**
- **QRコードを読み込めばすぐに友だち追加してもらえる**
- **コーヒー1杯プレゼントなど、特典について書けば、待ち時間などにも友だち追加してもらいやすい**

ポスターの作成方法

管理画面で［ホーム］→［友だちを増やす］から、**1**［ポスターを作成］をタップする。

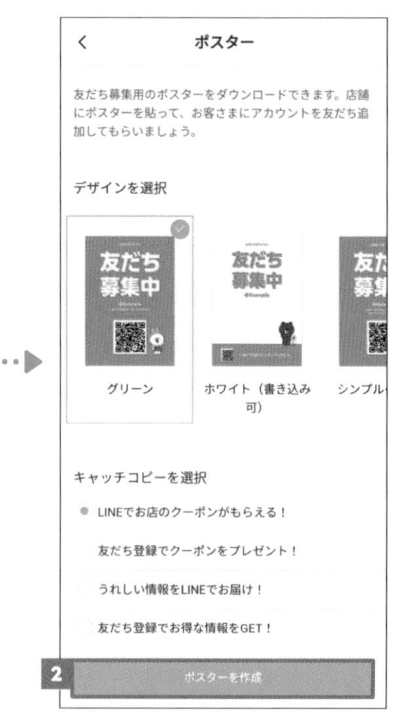

ポスターの作成画面では、デザインとキャッチコピーを選択できる。それぞれタップして選択し、**2**［ポスターを作成］をタップすると、ポスターの作成が完了する。

※未認証アカウントの場合、LINE FRIENDSのキャラクターが掲載されていないポスターデザインとなります。あらかじめご了承ください。

ワンポイントアドバイス

ノベルティを設置するスペース例

ポスターのほか、有償ノベルティの設置場所を紹介します。「ユーザーの目につきやすい場所」を意識して、購入の上、設置の参考にしてください。

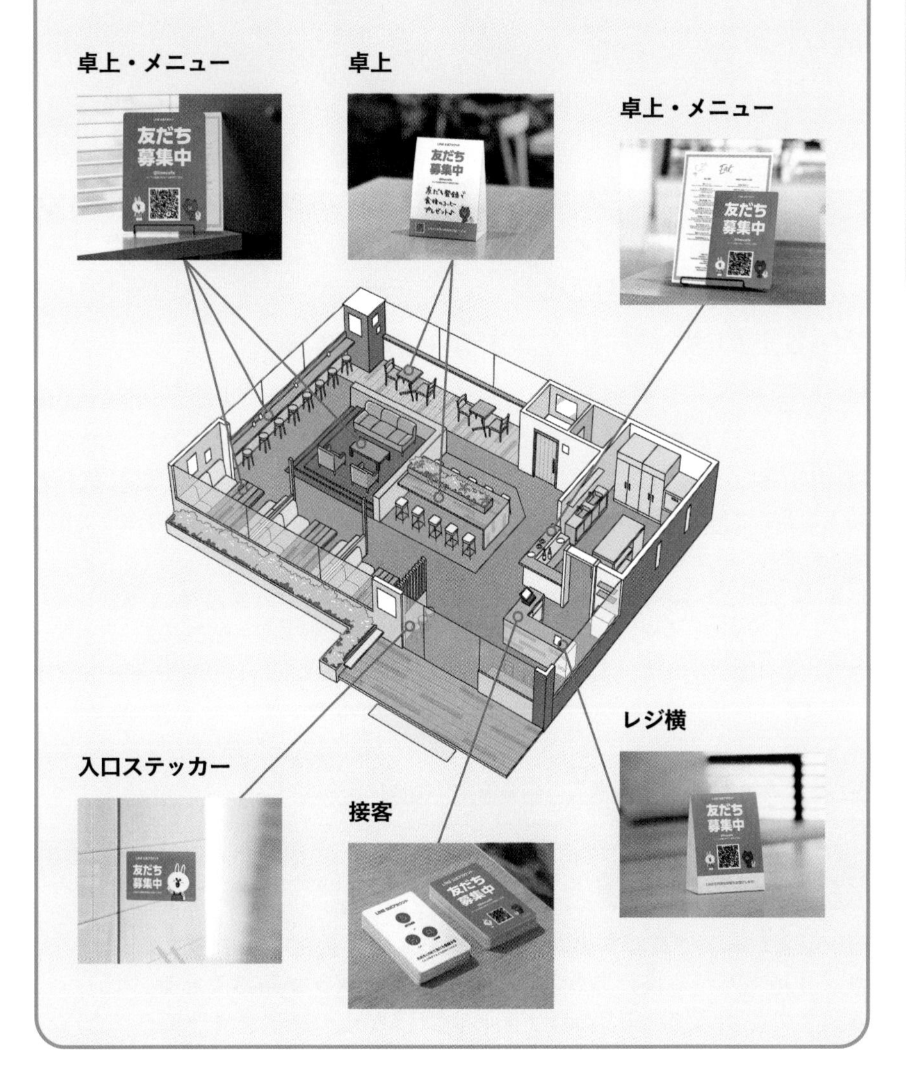

関連

Q.07 アカウント名の横についている「バッジ」は何？ P.038

ユーザーにLINE公式アカウントを開設したことを知らせたい。

友だちの数がなかなか増えません。まずは、サイトの利用者やメルマガ会員などにLINE公式アカウントの存在を知らせて友だち追加してもらいたいのですが、いい方法はありますか？

A Webサイトやメルマガに「友だち追加ボタン」を設置しましょう。

Web上のタッチポイントから誘導する

LINE公式アカウント開設後に思うように友だちが増えない場合は、LINE公式アカウントを開設したことがユーザーに知られていない可能性があります。まずは興味を持ってもらいやすい既存ユーザー（サイト利用者やメルマガ会員など）に向けて、**告知できる場所を最大限活用しましょう**。友だちの数が増えることで、情報を届けられる人も増え、メッセージの配信効果が出やすくなります。

まず、自社と既存ユーザーの接点となるWeb上の「タッチポイント」を整理しましょう。WebサイトやECサイト、メルマガ、SNSなどに「友だち追加ボタン」や友だち追加用のQRコードを掲載すると、既存ユーザーはもちろん、新規ユーザーもLINE公式アカウントに誘導しやすくなります。特に、一定数のユーザーが訪れるWebサイトやフォロワー数の多いSNSアカウントがあれば、**目立つ場所に友だち追加ボタンやQRコードを設置することで、誘導効果が高まります**。

期待できる効果

- **QRコードや友だち追加ボタンからすぐに追加してもらえる**
- **メルマガから移行できれば、開封率のアップが期待できる**
- **すでに持っているWebサイトやSNSからの誘導が見込める**

QRコード、友だち追加ボタンの発行方法

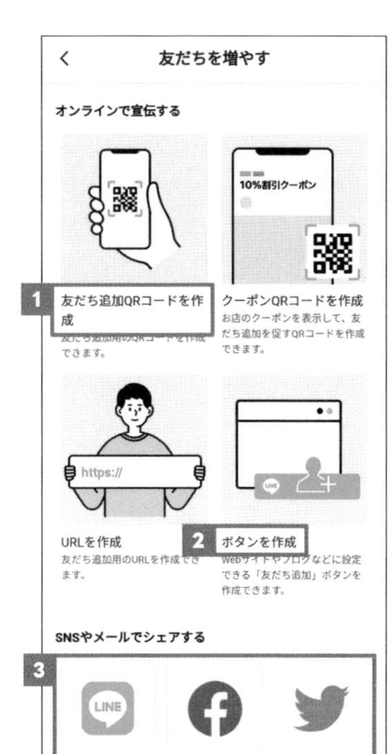

[ホーム] → [友だちを増やす] を順にタップすると [友だちを増やす] が表示される。1 [友だち追加QRコードを作成] → [QRコードを保存] をタップすると、友だち追加用のQRコード画像が端末に保存される。2 [ボタンを作成] → [HTMLを表示] をタップすると、「友だち追加ボタン」のHTMLが表示されるので、コピーしてWebサイトなどに設置できる。3 [SNSやメールでシェアする] から、各種SNSに友だち追加用のURLも投稿可能。

ワンポイントアドバイス

効果的な友だち追加ボタンの設置場所

Webサイトや店舗に「友だち追加ボタン」を設置するときは、目につきやすい場所を選ぶと効果的です。

①QRコード

SNS投稿や店内のポスターなどに掲載する。

②「友だち追加」ボタン

Webサイトのヘッダーなどに設置する。

Q18 友だちの数を一気に増やしたい。オススメの方法は？

LINE公式アカウントの運用を本格的に始める前に、ある程度の数の友だちを集めたいです。来店や購入してくれそうな人、ファンになってくれそうな人を集める方法を知りたいです。

A 「友だち追加広告」を使って集めましょう。

Web版管理画面から手軽に広告を配信できる

「友だち追加広告」は、**LINE公式アカウントの友だち追加を促すための広告を、LINEアプリ内に掲載するサービス**です。設定した予算の範囲内で広告が配信され、追加された友だち数に応じて課金されます。友だちの数を早く増やした上でコミュニケーションを取りたい場合などに有効です。

トークリストのほか、LINE NEWS面などにも広告が配信される。

広告は性別、年代、エリアなどでターゲティングできるので、自社の顧客層に合ったユーザーに広告を配信して、友だちを集客できます。それまで接点のなかったユーザーにもリーチできるでしょう。

友だち追加広告の配信は、LINE公式アカウントのWeb版管理画面から行う方法と、LINE広告から行う方法（Q.21／P.072）があります。Web版管理画面からの**友だち追加広告は最小限の設定で配信できる**ので、広告運用の初心者や、簡単に配信したい人は利用してみましょう。なお、認証済アカウントでないと利用できません。

期待できる効果

- 店舗がある地域のユーザーに広告を配信できる
- 商品のターゲットに合ったユーザーに友だち追加してもらえる
- 店舗やサービスを知らない人にもアプローチできる

友だち追加広告の配信方法

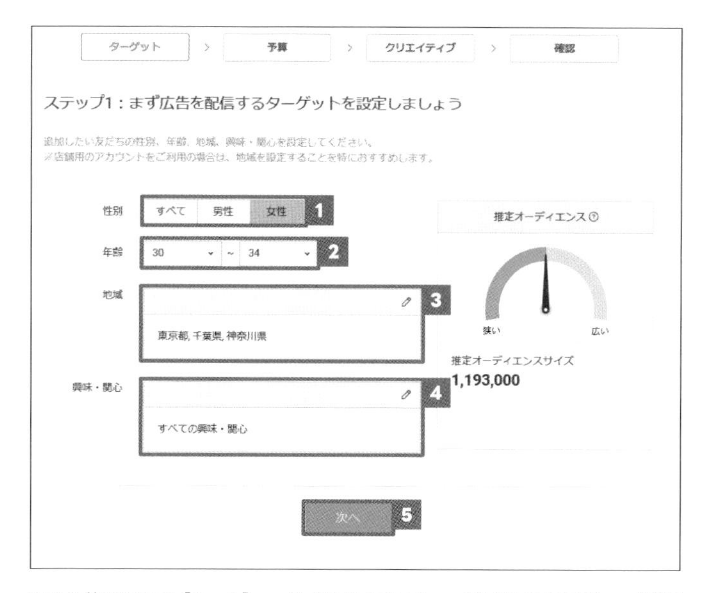

Web版管理画面で［ホーム］→［友だちを増やす］→［友だち追加広告］→［利用を開始する］→［作成］を順にクリック。続いて［ターゲット］で広告を配信したいユーザーの**1**［性別］と**2**［年齢］、**3**［地域］と**4**［興味・関心］を設定して**5**［次へ］をクリックすると、［予算］が表示される。

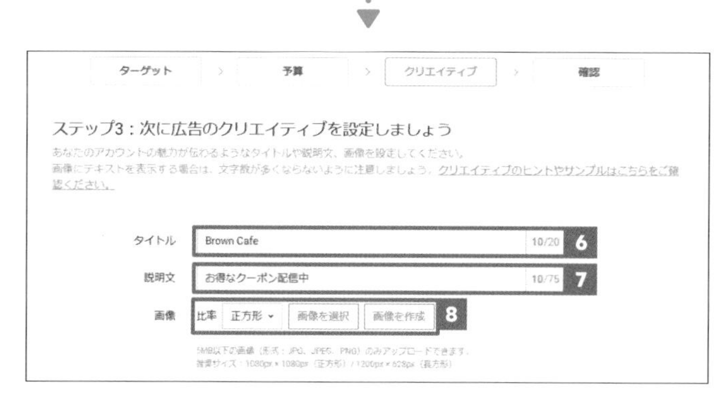

画面に従って予算を設定して［次へ］をクリックしたら、［クリエイティブ］で広告の**6**［タイトル］や**7**［説明文］、**8**［画像］を設定。プレビューの確認も可能。［次へ］をクリックすると［確認］が表示されるので、設定を確認して［保存して次へ］をクリック。続いて［お支払い方法］に表示された情報が正しいかを確認してから［審査を申請］をクリック。審査が承認されると、広告の配信が開始される。

Q19 動画を活用して、自社の情報発信を行いたい。

若年層にお店をアピールしたいので、動画を使った情報発信を考えています。気軽にお店の紹介動画を見てもらいながら、ユーザーとコミュニケーションが取れるような機能はありませんか？

A 「LINE VOOM」を活用しましょう。

動画で訴求できる「プル型」コミュニケーション

「LINE VOOM」は、主に動画コンテンツの投稿を通じて、ユーザーとのコミュニケーションが取れる機能です。LINE公式アカウントのメッセージ配信は、「オーナーがユーザーに対して情報を発信する」機能ですが、**LINE VOOMは「ユーザーが興味・関心に応じて、オーナーが投稿した情報を探しに来る」機能です**。

LINE公式アカウントのプロフィールからも、LINE VOOMの投稿内容が確認できる。

LINE VOOMの特徴は大きく3つあります。1つ目は、投稿された動画に対して、ユーザーが気軽に「リアクション」や「コメント」を付けられることです。

2つ目は、投稿の「シェア」です。フォロワーが投稿を「シェア」すると、そのフォロワーがLINE VOOMでつながっているフォロワーにも、投稿が表示されます。LINE公式アカウントを友だち追加しているユーザー以外への拡散も見込めるので、動画をフックに自社のアカウントを見つけてもらうきっかけになるでしょう。

3つ目は、LINE VOOMはメッセージ配信と異なり、何度でも投稿できることです。LINE公式アカウントはプランに応じて月間の無料メッセージ通数が定められていますが、LINE VOOMへの投稿はメッセージ通数としてカウントされません。

　スマホの普及やネット回線の進化で、ユーザーは日頃からさまざまな動画コンテンツに触れています。**飲食店の場合は料理の魅力をより伝えられたり、小売店であれば実際の使い方を説明できたりと、動画は多くの情報を盛り込めます**。ぜひお店や商品の紹介動画などを作成して、LINE VOOMに投稿してみましょう。

期待できる効果

- **動画のコメント欄で、ユーザーとのコミュニケーションが深まる**
- **動画投稿を通じて、新たな友だちを集客できる**
- **無料メッセージ通数が0になった後も、情報発信を継続できる**

「LINE VOOM」の投稿方法

LINEアプリで**1**［VOOM］をタップ。

2［+］をタップすると、投稿内容の制作画面が表示される。

次のページに続く

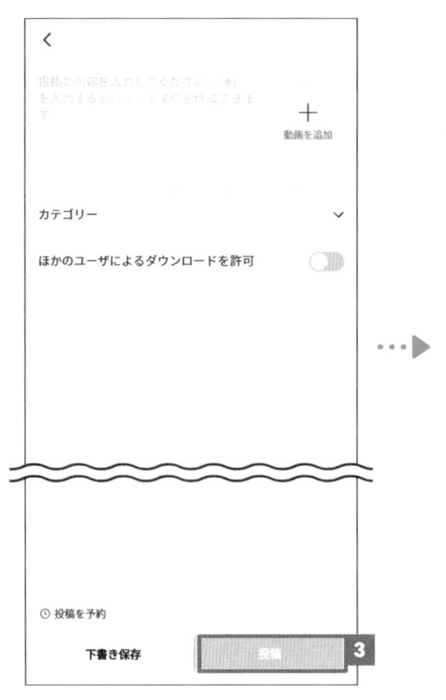

「動画」か「写真・テキスト」を選択。それぞれファイルをアップロードして 3［投稿］をタップすると投稿が完了する。

カテゴリーは、投稿する内容に合致した項目を選択する。

ワンポイントアドバイス

「友だち」と「フォロー」の違い

LINE公式アカウントの「友だち」とLINE VOOMの「フォロー」の違いは以下の2点です。友だちとフォローの両方をユーザーに活用してもらうと、相乗効果が見込めます。

LINE公式アカウントの「友だち」

- LINE公式アカウントからのメッセージが受け取れる
- LINE VOOMへの投稿が、「フォロー中」のタブに表示されない

LINE VOOMの「フォロー」

- LINE公式アカウントのメッセージ配信は受け取れない
- LINE VOOMへの投稿が、「フォロー中」のタブに表示される

Q 20 LINE広告の審査が通らない。

LINE広告の管理画面で初期設定をしたところ、審査否認になったと連絡がありました。問題なく設定したつもりですが、どこに問題があるのか分からず困っています。

A 審査のポイントを確認してから再申請しましょう。

ガイドラインに従って再申請する

LINE広告は配信前に、**「広告アカウント」「広告」の2つの項目で審査が行われます**。広告のクオリティを担保し、よりユーザーにフィットした内容になるように、以下のような基準で審査されます。

特に広告アカウントでは、単純な入力ミスなどが原因で審査に通らない場合があります。審査結果が通知されるメールに否認理由が簡単に記されているので、それを参考に「LINE広告審査ガイドライン」を見直して、修正の上、再申請してください。

[審査内容とポイント]

審査内容	ポイント
広告アカウント	電話番号などの請求先情報、広告主の正式名称、広告主のWebサイトのURLが入っていること。商材のカテゴリ、LINE公式アカウントのIDが正しいこと
広告	訴求する商材、クリエイティブ（広告の画像や動画の内容）、遷移先のLPやアプリ、広告のタイトル、ディスクリプションの内容。特にクリエイティブは、広告を見たユーザーが誤解したり、不快になったりしないか、安心・安全に利用できるか

次のページに続く

▷ **LINE広告 審査ガイドライン**
https://www.linebiz.com/jp/service/line-ads/guideline/

▷ **LINE広告 審査の基本**
https://www.linebiz.com/jp/service/line-ads/review/

期待できる効果

- **審査を通じて広告のクオリティが担保される**
- **内容に不備がある場合は配信されないので、炎上リスクが少ない**

審査ステータスの確認方法

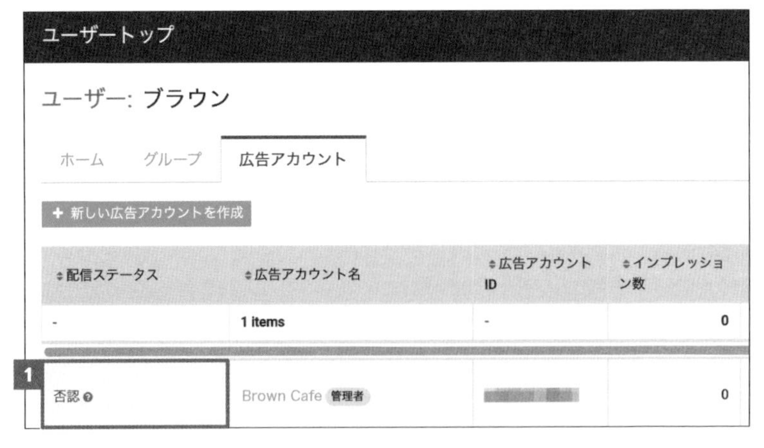

管理画面で初期設定をしたあと、審査が完了したタイミングで結果が **1** ［配信ステータス］に表示される。

広告アカウントの確認ポイント

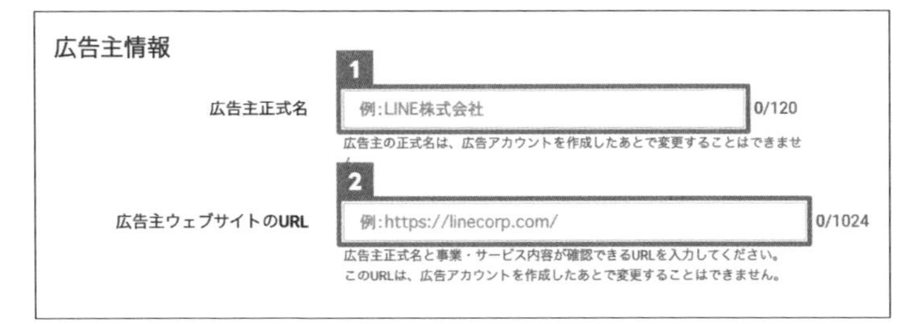

1［広告主正式名］に正式名称が入っているかを確認する。「株式会社」などを省略してはいけない。2［広告主ウェブサイトのURL］は、URLが有効か、Webサイト内に1に記入した広告主の情報（企業名、代表者名、事業概要、所在地など）が記載されているかも審査される。

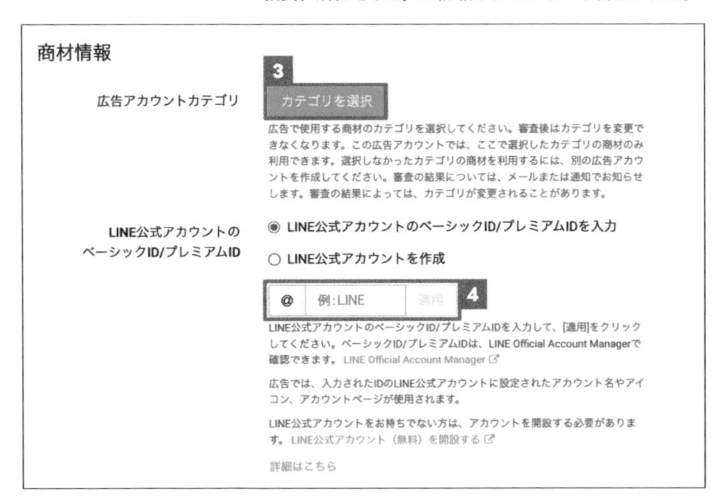

［広告アカウントカテゴリ］を広告で使用する商材に合わせて選択する。3［カテゴリを選択］ボタンをクリックし、商材に該当する業種カテゴリ、広告アカウントカテゴリを正しく選ぶ。［LINE公式アカウントのベーシックID/プレミアムID］は、利用中のLINE公式アカウントか、アカウント表示名およびプロフィール画像が商材と関連しているかが審査される。4は文字列が間違っていることが多いので、入力前に確認する。

関連
Q.21　友だち追加広告を配信するユーザーを、さらに絞り込みたい。……… P.072

Q21 友だち追加広告を配信するユーザーを、さらに絞り込みたい。

LINE公式アカウントの「友だち追加広告」を利用したのですが、さらにターゲティングを絞り込んで友だちを集めたいです。何かよい機能はありませんか？

A LINE広告の「友だち追加」を活用しましょう。

LINE広告ならより詳細なターゲティングが可能

LINE広告から配信する「友だち追加」では、LINE公式アカウントの「友だち追加広告」(Q.18／P.064) より細かいターゲティング設定や、既存の友だちのデータを利用したターゲティングができます。「友だち追加」と「友だち追加広告」により配信される広告の見え方は同じですが、**LINE広告の「友だち追加」のほうが、より自社の商品やサービスにフィットする友だちを集客できます。**

[LINE公式アカウントの友だち追加との違い]

項目	LINE公式アカウントの友だち追加	LINE広告の友だち追加
特徴	LINE公式アカウントから手軽に広告を出稿できる	優良顧客になる可能性が高い友だちを増やせる
ターゲティング	ユーザーの年齢・性別、地域、趣味・関心などからターゲティングが可能※	既存の友だちや購入データなどを活用した「オーディエンス配信」で精緻なターゲティングが可能
費用	任意で上限予算を設定。友だち追加ごとに課金	
活用例	店舗の半径3kmに居住する30～49歳の女性をターゲットに友だちを増やす	既存の友だちに似ている＝新たに優良顧客になる可能性が高いユーザーをターゲットに友だちを増やす

※「みなしデータ」(オーディエンスデータ) については、P.223を参照ください。

期待できる効果

- **より精緻なターゲティングで広告を配信できる**
- **LINE公式アカウントのデータをターゲティングに活用できる**
- **優良顧客になる可能性が高い友だちを増やせる**

LINE広告で友だち追加の広告を配信する

LINE広告の利用には、広告アカウントの作成が必要です。Q.03（P.030）を参考にLINEビジネスIDを発行し、事前にLINE広告の管理画面にログインします。

広告アカウントの作成方法

LINE広告の管理画面にログインしておく。1［広告アカウント］タブ→2［新しい広告アカウントを作成］を順にクリック。

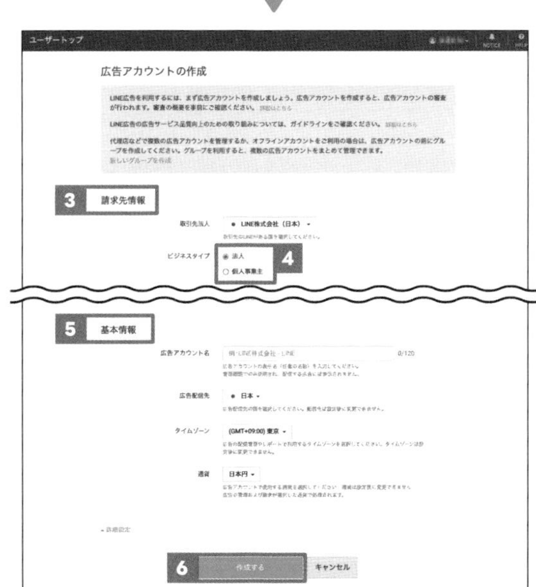

［広告アカウントの作成］画面が表示された。3［請求先情報］で4［ビジネスタイプ］を選択し、それに従って情報を入力。続いて［広告主情報］［商材情報］5［基本情報］を入力して6［作成する］をクリックすると、広告アカウントが作成される。［商材情報］では、広告で使用する商材のカテゴリを選択し、［LINE公式アカウントのベーシックID/プレミアムID］を入力する必要がある。

次のページに続く

[広告配信で設定する項目と内容]

項目	内容
キャンペーン	配信の目的、掲載期間、上限予算など
広告グループ	ターゲティング、自動最適化オン／オフ、入札価格、1日の予算など
広告	広告フォーマット、テキスト、画像など

キャンペーンの作成方法

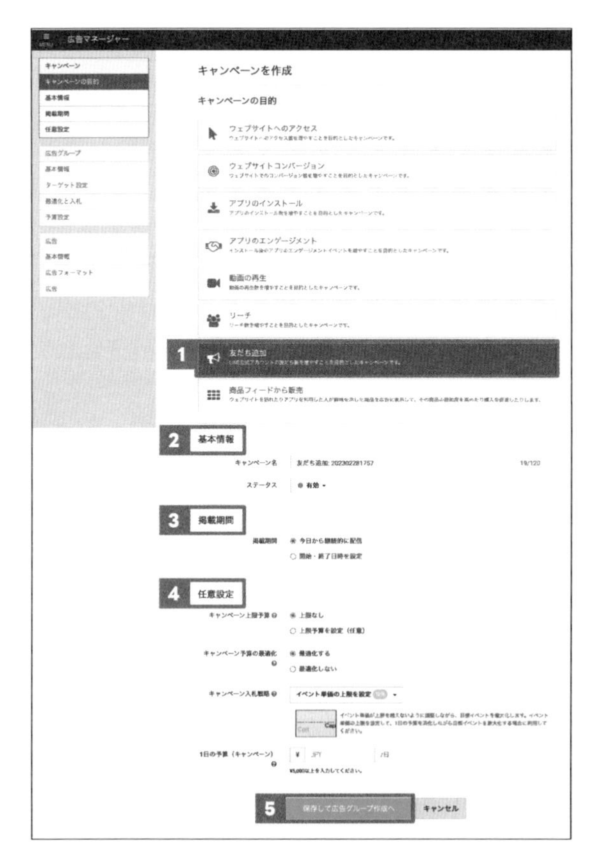

[広告アカウントタブ] で、作成した広告アカウント名をクリック。続いて [キャンペーン] タブ→ [キャンペーンを作成] をクリック。[キャンペーンの目的] で1 [友だち追加] をクリック。2 [基本情報] や3 [掲載期間]、4 [任意設定] を設定して5 [保存して広告グループ作成へ] をクリックすると、友だち追加が目的に設定されたキャンペーンの作成が完了する。

広告グループの作成方法と設定ポイント

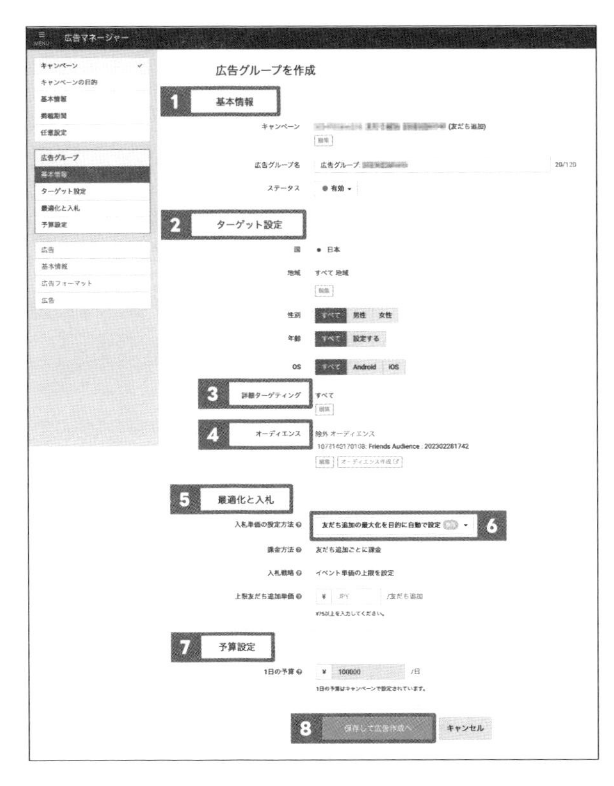

キャンペーンを作成すると［広告グループを作成］が表示される。**1**［基本情報］を入力したら、**2**［ターゲット設定］を行う。設定を狭めすぎないことと、**3**［詳細ターゲティング］と**4**［オーディエンス］は、一定期間運用を続けた後で設定するのがポイント。**5**［最適化と入札］の［入札単価の設定方法］は**6**［友だち追加の最大化を目的に自動で設定］にすると、最適な入札価格調整が行われる。**7**［予算設定］は施策全体にかかる予算を踏まえて設定。完了したら、**8**［保存して広告作成へ］をクリック。広告の作成方法については、Q.22（P.078）で解説している。

ワンポイントアドバイス

改善アクションが見つかる「LINE広告サポート」

「LINE広告サポート」のLINE公式アカウントでは、配信設定や審査などの困りごとをbotでサポートしています。ぜひ右記のQRコードを読み取って友だち追加してください。

Q22 ポスティングに代わる方法で、地域の人に宣伝したい。

ポスティングをしていますが、最近効果が薄くなってきているように感じます。近隣エリアにいる人に自社のWebサイトを見てもらい、認知度をアップしたいです。

A LINE広告の「ウェブサイトへのアクセス」を利用しましょう。

地域ターゲティングを適切に指定

LINE広告は、Q.21（P.072）で解説したようなLINE公式アカウントの「友だち追加広告」に限らず、さまざまな目的で活用できます。例えば、自社のWebサイトやキャンペーン用のLP（ランディングページ：広告をクリックしたあとに遷移するWebサイト）に誘導して、認知度をアップさせるのにも効果的です。特に、店舗型ビジネスを営む場合は、**周辺にいるユーザーに商品やサービスを認知してもらえると来店や購入につながります**。こうした広告を配信するには、Q.21（P.074）を参考にキャンペーンで「ウェブサイトへのアクセス」を選択してください。

また、広告グループの「ターゲット設定」では、広告を配信するユーザーの地域や性別、年齢に加えて、趣味・関心や行動、属性を設定できます（P.223参照）。特に「地域」の設定は、市区町村や特定エリアの半径（店舗の住所から10km圏内など）を適切に指定することで、**従来のポスティングと同様に、近隣ユーザーに向けて広告を配信できます**。さらに、指定した地域にいる人が「地域に住んでいる」「働いている」「最近いた」かも指定できるので、店舗やエリアの特性によって使い分けましょう。

ただし、ターゲティングを狭めすぎると、配信量が少なくなってしまいます。始めのうちはターゲティングを狭めすぎず、インプレッション数やクリック数を見ながら徐々にターゲティングを狭めるとよいでしょう。

店舗のオープンや周年キャンペーンなどを控えた時期にLINE広告の地域ターゲティングを使えば、効率よく認知度をアップさせることができます。なお、広告に使用するクリエイティブは、視認性が高くシンプルなメッセージにまとめると、配信効果が高くなります。

広告グループ設定のポイント

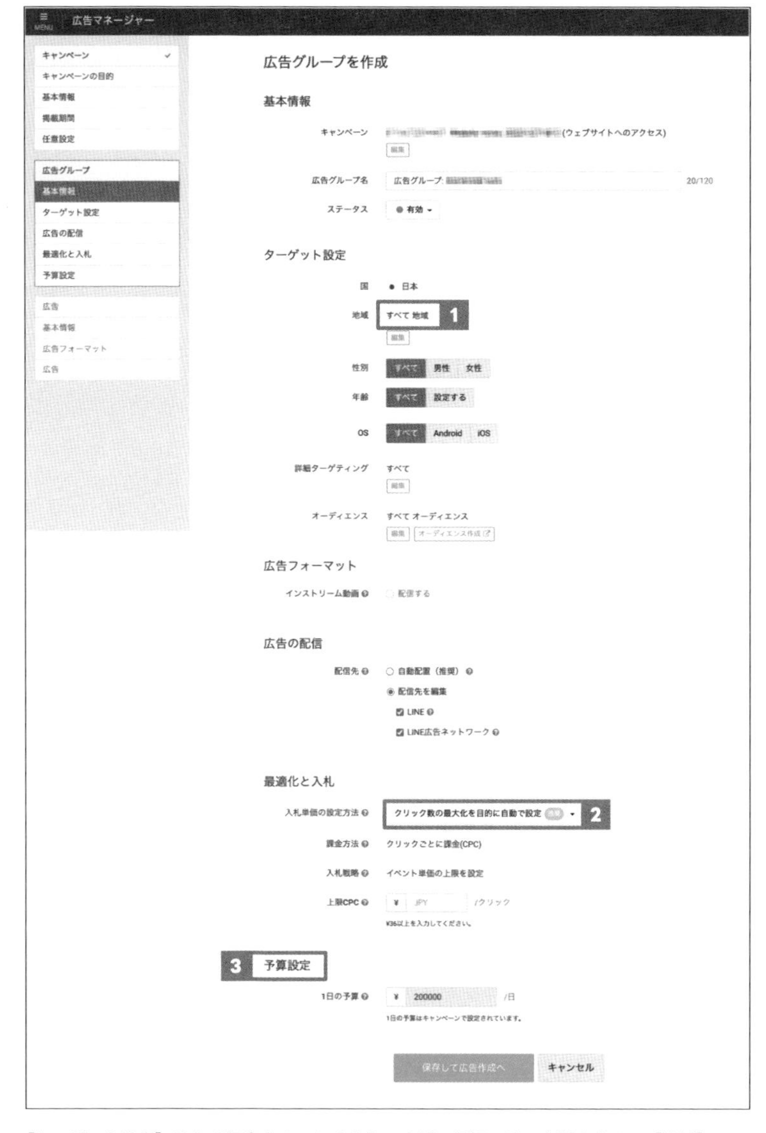

［ターゲット設定］はある程度広めになるよう、店舗の周辺エリアを指定する **1**［地域］のみ設定。**2**［クリック数の最大化を目的に自動で設定］を選択すると、最適な入札単価の調整が行われる。**3**［予算設定］は目標CPC×1日に獲得したいクリック数から算出する。

次のページに続く

広告の作成方法

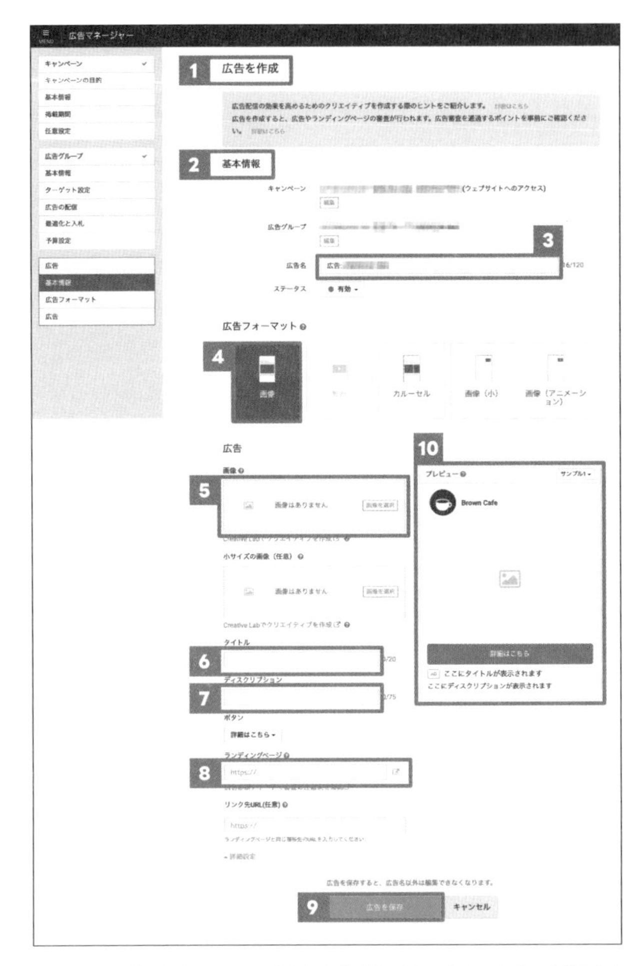

広告グループを作成すると 1 ［広告を作成］が表示され、実際に配信する広告を作成できる。2 ［基本情報］の 3 ［広告名］は広告一覧に表示される管理名で、配信には利用されない。続いて 4 ［広告フォーマット］で、作成したい広告の表示形式を選択して［広告］の 5 ［画像］を設定。6 ［タイトル］に入力した文字はボタンの横に、7 ［ディスクリプション］に入力した文字は画像の下部に表示される。広告をクリックしたユーザーを遷移させるURLは、8 ［ランディングページ］に入力する。9 ［広告を保存］をクリックすると作成が完了し、審査が開始される。配信イメージは10 ［プレビュー］で確認できる。

期待できる効果

- **店舗の近隣にいるユーザーに向けて広告を配信できる**
- **特に興味を持ってくれそうな人に絞り込み、広告を配信できる**
- **ポスティングが難しい時期でも、オンラインでアプローチできる**

ワンポイントアドバイス

ユーザーの目に留まるクリエイティブを作ろう

ユーザーに広告をタップしてもらうには「クリエイティブ」が重要です。

［広告の構成要素］

1［クリエイティブ］は、モバイル視聴環境が考慮された、視認性の高いものとする。指先が止まるような、印象に残るビジュアルになるよう意識。
2［タイトル］は、訴求内容を端的に表現してインパクトを持たせる。
3［ディスクリプション］は、**1**と**2**で伝えきれない訴求内容を補完する。
配信面によっては**3**が表示されないので、**2**で商品の効果やメリットを訴求する。

［シンプルさを大切に］

LINE広告はスマホ環境で表示されるため、「視認性」が最も重要です。シンプルかつインパクトのあるクリエイティブを作成して、ユーザーの指を止めてもらえるようにしましょう。

- 要素が多く詰まって見える
- 内容が伝わってこない
- 商品のディテールが分からない

- 1つひとつの要素が立って、分かりやすい
- 「○○% OFF」などユーザーのメリットが伝わる
- 商品のディテールが見えて、興味・関心がわく

Q23 高品質な広告クリエイティブを簡単に作成したい。

LINE広告を配信したいのですが、広告素材の作成に苦労しています。制作コストをかけられないので、自分で作成したいのですが、簡単に作成する方法はありますか？

A LINE Creative Labで簡単に作成できます。

高品質なストック画像やテンプレートを利用できる

LINE広告を配信するには、広告素材となる画像や動画などクリエイティブが必要です。LINE Creative Labは、このクリエイティブ作成を支援するサービスで、**画像や動画（スライドショー）を簡単に作成できます**。ご自身で用意した画像で作成できるだけでなく、高品質なストック素材を利用することができるほか、画像や動画にテキストや図形、スタンプ、ロゴを加えるのも簡単です。短時間で複数パターンを用意できるので、クリエイティブによる配信効果の比較・検証などもしやすくなります。

LINE Creative Labには、画像を選択して自動作成する方法、複数画像を選択して動画を作成する「かんたん作成」、テンプレートから作成する方法、白紙のキャンバスから作成する方法が用意されています。最初は、自動作成やかんたん作成、テンプレートによる作成がおすすめです。また、画像を広告サイズに合わせて調整するクイックトリミングの機能もあり、最大15枚までまとめてトリミングできます。ほかにも、特定の画像にアニメーションエフェクトを付与する機能も用意されています。

作成した素材は、LINE広告のアカウントを選んで送信します。広告マネージャーから作成したクリエイティブを利用できるようになるので、広告配信設定を行いましょう。

▷ **LINE Creative Lab**

https://creativelab.line.biz/

推奨ブラウザ：Google Chrome（最新バージョン）

期待できる効果

- 高品質なストック素材を利用できる
- テンプレートから簡単に作成できる
- ロゴやメッセージを加えて独自性を出せる

画像の作り方（ストック画像から自動作成）

LINEビジネスIDでLINE Creative Labにログインし、[クリエイティブを作る]タブを表示しておく。
1 ［自動作成］をクリックする。

［自動作成］が表示される。**2** ［ストック画像］から画像を選択する。また、[マイファイル][アップロード］からも画像を選べる。画像を選択したら、**3** ［メインテキスト］と **4** ［サブテキスト］を入力する。**5** ［クリエイティブを作る］をクリックすると、自動作成されたクリエイティブが表示されるので、クリエイティブを選択する。その後、[LINE広告に送信］をクリックし、[OK］をクリックで送信できる。

Q24 資料ダウンロードを促す広告を配信したい。

資料請求した人にフォローを兼ねて連絡をすると、来店や購入につながりやすい傾向があります。より多くのユーザーに資料請求してもらえるよう、広告でアプローチしたいです。

A LINE広告の「ウェブサイトコンバージョン」を利用しましょう。

資料ダウンロードにつなげるおすすめ設定

ネット広告は、広告をタップしたユーザーを、WebサイトやLPに遷移させることが可能です。遷移後にさまざまな情報に触れて興味・関心を持ったユーザーは、商品やサービスについて解説したカタログや資料をダウンロードしたり、購入したりする場合があり、これらを「コンバージョン」と呼びます。

LINE広告でも、こうしたコンバージョン獲得を目的とした広告を配信できます。まず、キャンペーンの作成で「ウェブサイトコンバージョン」を選択しましょう。

広告グループの「ターゲット設定」は、始めからターゲティングを狭めすぎないように注意してください。LINE広告を一定期間運用すると、コンバージョンに至ったユーザーのデータが蓄積されるので、Q.59（P.162）のオーディエンスデータを活用して、広告配信するのも有効です。

ウェブサイトコンバージョンでは、ある程度の予算を確保した上で自動入札を選択するのがおすすめです。コンバージョンにかかる費用をCPA（顧客獲得単価）と呼びますが、一般的にCPAはクリック単価より割高になります。**自動入札は活用が進むほど精度が高くなっていく**ので、配信効果を見ながら運用改善を行い、2〜3カ月は広告出稿を続けましょう。

また、コンバージョンに至ったユーザーは、自社の商品やサービスに興味があると考えられます。WebサイトやLPの分かりやすい位置、資料ダウンロードや商品購入後のサンクスページなどに、友だち追加ボタンを設置してLINE公式アカウントの友だち追加を促し、コミュニケーションを取りましょう。

広告グループ設定のポイント

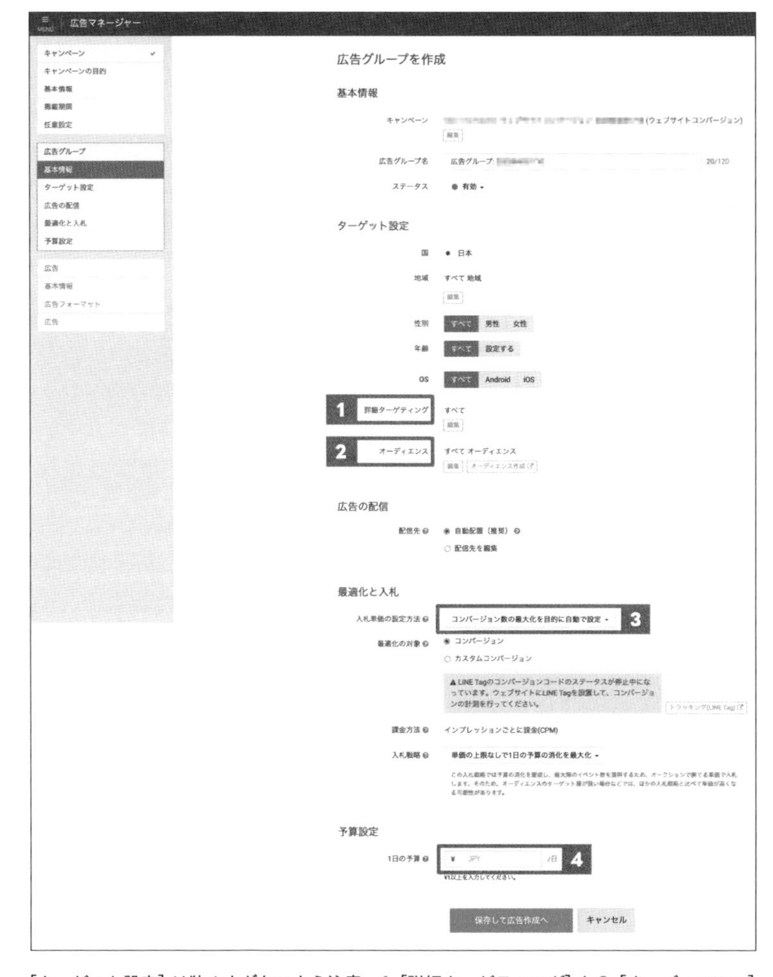

[ターゲット設定] は狭めすぎないよう注意。**1** [詳細ターゲティング] と **2** [オーディエンス] は、運用を一定期間続けた後で設定する。**3** [コンバージョン数の最大化を目的に自動で設定] を選択すると、自動で最適な入札価格調整が行われる。予算設定の **4** [1日の予算] は施策全体にかかる予算を踏まえつつ、目標CPAの2倍を目安にして算出する。

次のページに続く

配信効果の改善方法

[さまざまなターゲティングを試す]

広告の運用初期は、より配信効果の高いパターンを探してさまざまな配信設定を試す期間です。入札方法は自動入札に設定し、複数のオーディエンスデータを比較して配信効果を分析しましょう。始めのうちはターゲティングを広めに設定し、効果に合わせて徐々に設定を変更するのがオススメです。

[広告パターンを複数作成]

Q.22（P.079）のワンポイントアドバイスの内容を参考に、クリエイティブを作り分けた上で、少なくとも3〜4種類は広告を作成しましょう。配信効果が高かったものを参考にクリエイティブを作り分けて運用すれば、次第にコンバージョン数がアップします。

[「1日の予算」をアップ]

LINE広告のような運用型広告でオークションに勝つためには、1日あたりに使用する予算をアップするのも有効です。「1日の予算」は「目標CPA×1日に獲得したいコンバージョン数」で算出してください。運用初期は、目標CPAの2倍以上からスタートするのがおすすめです。コンバージョンが安定して得られるようになったら、クリエイティブの検証を繰り返しながら徐々に目標CPAを低くしましょう。

- **コンバージョン単価（1日の予算が決まっていない場合）**
  目標CPA（円）×獲得したいコンバージョン数＝1日の予算（円）
- **コンバージョン単価（1日の予算が決まっている場合）**
  1日の予算（円）÷獲得したいコンバージョン数＝目標CPA（円）

[オーディエンスを活用して広告を配信]

Q.68（P.180）を参考に、資料請求ページやECサイトのカートページにベースコードを設置しましょう。これにより「コンバージョンしなかったものの、アクションする確度の高いユーザー」のデータが蓄積されるので、そのオーディエンスデータをもとにオーディエンス配信や類似配信（Q.60／P.164）をすると、コンバージョンの増加が見込めます。

期待できる効果

- 興味を持ってもらえそうなユーザーを狙って配信できる
- 自動入札で効率よくコンバージョンを獲得できる
- コンバージョン後、友だち追加してもらえればやりとりを継続可能

ワンポイントアドバイス

自動入札を活用しよう

LINE広告を利用する際は、あらかじめ設定したイベント単価や予算内で入札額が自動調整される「自動入札」が便利です。

[自動入札と手動入札の違い]

入札方法	自動入札	手動入札
運用工数	ほぼかからない	かかる
入札の調整	広告が表示されるたび、入札額が自動調整される	配信効果を確認しながら、1日に数回手動で調整
判断基準	学習元データの蓄積	運用担当者の経験や知見

自動入札の精度を高めるには、Webサイトへのアクセス数（クリック最大化）やWebサイトのコンバージョン数（コンバージョン最大化）などのデータが必要です。コンバージョン数は、30日間で40CVが目安となります。データが蓄積されると、自動入札の精度が徐々に安定していきます。

[自動入札の学習進捗の確認]

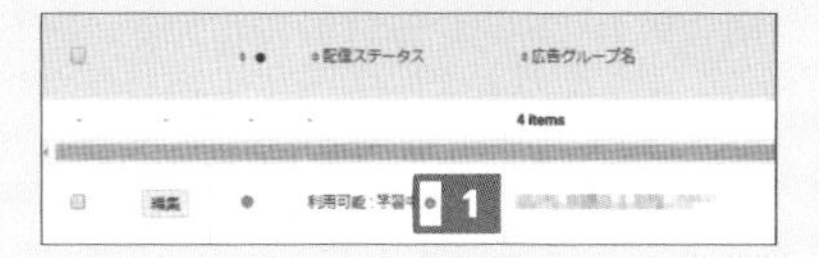

1 [i] をクリックすると学習進捗が%で表示される

自動入札の学習の進捗は、広告グループ内で確認できます。完了するまでは、入札額や1日の予算、ターゲティングなどの設定を頻繁に変更しないようにしてください。

Q25 ユーザーが自社のアカウントに期待していることを知りたい。

LINE公式アカウントでクーポンを配信するにしても、割引やプレゼントなど種類に迷います。ユーザーがLINE公式アカウントに何を期待しているか、率直な意見を聞いてみたいです。

A 「リサーチ」機能を活用しましょう。

LINE上でアンケート形式の調査ができる

「リサーチ」は、アンケートの作成や配布、集計ができる機能です。メッセージなどで配布できるので、LINE公式アカウントで配信してほしい情報や欲しいクーポンについてなど、**ユーザーの意見や気持ちを知るのに便利**です。

「リサーチ」で、友だち追加しているユーザーへのアンケートを作成できる。

質問の形式は、「単一回答」「複数回答」「自由回答」（認証済アカウントのみ）があります。性別・年齢・居住地に関する質問の設定もできるので、**友だち追加してくれたユーザー属性の把握にも利用可能**です。リサーチ期間やリサーチを実施する会社名、ユーザーの同意など、リサーチに必要な項目も手軽に設定できるため、実施もスムーズです。ただし、回答が20件未満の場合はリサーチ結果をダウンロードできないため、少なくとも20人以上の友だちが集まってから実施するようにしましょう。また、お礼にクーポンを設定するのも、回答を促すのに効果的です。

期待できる効果

- LINEからそのまま回答してもらえるので便利
- ユーザーの声をLINE公式アカウントの運用や改善に生かせる
- クーポンを配布すると、ユーザーの回答モチベーションが上がる

リサーチの設定方法

Web版管理画面で**1**［リサーチ］→［作成］を順にクリックすると、リサーチの作成画面が表示される。［基本設定］［紹介ページ設定］［サンクスページ設定］をすべて入力して**2**［次へ］をクリックすると、質問の設定画面が表示される。作成が完了し［保存］をクリックすると、リサーチをメッセージ配信できる。

ワンポイントアドバイス

リサーチの項目は明確かつ簡潔に

リサーチでは、「LINE公式アカウントを友だち追加した理由」を質問してみるのがオススメです。その際、選択肢は以下のように設定するとよいでしょう。

- **商品やサービスに興味・関心があったから**
- **最新の情報が欲しいから**
- **クーポンやキャンペーンなど、お得な情報が欲しいから**
- **その他**

また、業種によっては以下のような質問もおすすめです。

- **飲食→デリバリーの新メニュー候補**
- **美容→接客満足度**
- **EC・小売→新規取り扱いの商品について**
- **教育・習い事→体験レッスンの感想**

関連
Q.62 友だち追加してくれたユーザーとの関係を深めたい。 …… P.168

長沼精肉店

LINE公式
アカウントを
友だち追加

ショッピング・小売店　飲食店・レストラン

埼玉県加須市の創業70年を超える老舗精肉店。牛、豚、鶏、馬と多くの精肉をはじめ、どこか落ち着く田舎の味、優しい味のお惣菜も販売している

目的　オンラインにおけるユーザー接点として、双方向のコミュニケーションを実現したい

友だちの集め方
・ショップカードの店頭案内や声がけ
・ECサイトやSNSなどで告知

活用機能　プロフィール、メッセージ配信　**運用人数**　2名

LINE公式アカウントの運用・設定方法

▷ プロフィール

01　Webサイトのランディングページ（LP）のイメージで活用。店舗概要や歴史、商品紹介（メニューと金額）、ECサイトへのリンク、クーポン、営業時間などを掲載

02　フローティングバーには「トーク」「LINEコール」「HPリンク」を設置

03　販売している商品メニューなどの紹介についてはプラグイン「コレクション」を使用してリッチに表現

今日
8月4日新店舗グランドオープン
本日‼遂にグランドオープンです‼
オンラインショップの、クーポン夜配信します‼
お店について
明日から3日間は先着30名様に特別なノベルティをプレゼントします
‼店頭のポイントカードも復活‼
1000円で1P！
5Pで300円オフのクーポン券がもらえる！

▷ メッセージ配信

01　月に2、3回程度の配信頻度。商品予約の開始を案内することもあり、多くの人が見やすい夕方から21時の時間帯に配信

02　「カードタイプメッセージ」を活用し、ユーザーの見やすさを重視

03　配信する商品写真は一眼レフカメラで撮影したデータの画質やサイズをアプリで調整

活用ノウハウ②
初回利用編

LINEの法人向けサービスを活用して、
ユーザーに自社のサービスを初めて利用してもらうための
ノウハウを解説しています。

Q 26 チャットで質問や各種相談を受け付けたい。

来店前や購入前に、ユーザーから商品やサービスに関する質問を受けることが多いです。手軽に質問してもらえるよう、LINEを使ってユーザーとやりとりしたいです。

A 「LINEチャット」を活用しましょう。

1対1でメッセージのやりとりができる

「LINEチャット」は、LINE公式アカウントと友だちになっているユーザーが、LINEのトーク機能を使ってテキストなどをやりとりできる機能です。友だちに配信するメッセージと異なり、LINEチャットで送信した内容が他のユーザーに公開されることはありません。1対1でやりとりできるので、きめ細やかなコミュニケーションに活用できます。

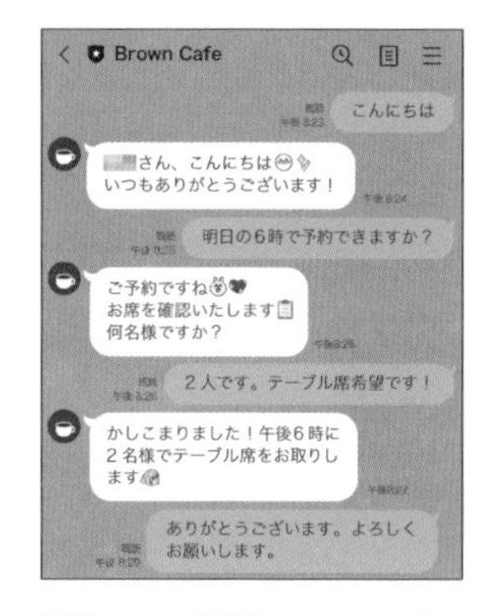

通常のLINEと同様に、ユーザーとチャットでコミュニケーションが取れる。

ただし、**チャットを開始するには、最初にユーザーからメッセージを送ってもらう必要があります。企業・店舗からチャットを開始することはできない**ため、注意が必要です。質問や相談がある場合はメッセージを送ってもらえるよう、あいさつメッセージなどを使ってあらかじめ伝えておきましょう。

チャットは、ユーザーとのプライベートなやりとりとなります。通常のLINEと同じく、相手を傷つけたり、不快にさせたりしないよう、細心の注意を払ってください。なお、チャットの送信方法はQ.27（P.092）で解説しています。

期待できる効果

- 来店前でも商品やサービスについて相談してもらえる
- 個別に対応することで、ユーザーからの信頼感が高まる
- 画像や動画を一緒に送信すると、詳細なイメージを伝えやすい

チャットの設定方法

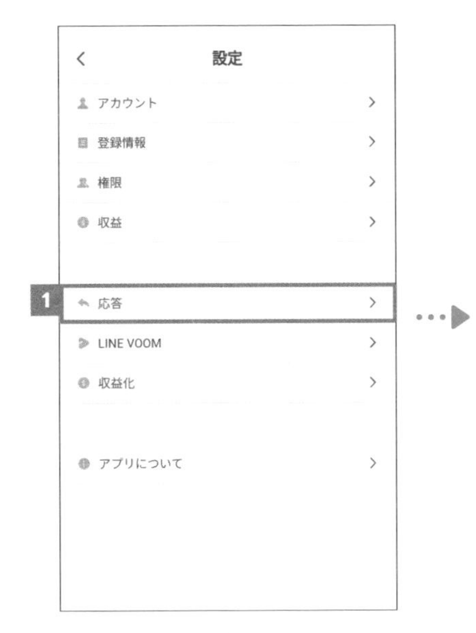

[ホーム] → [設定] → 1 [応答] をタップ。

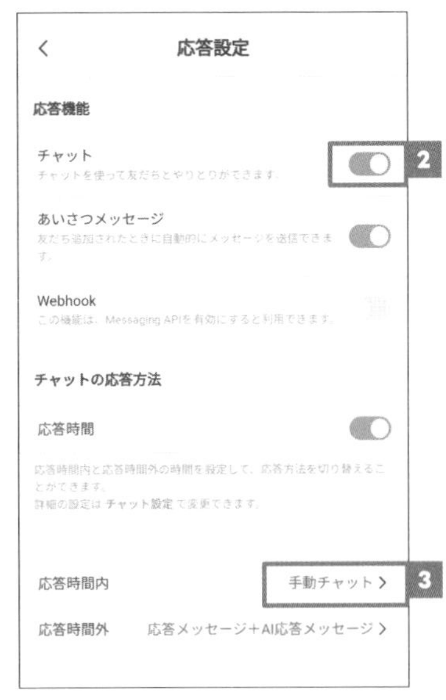

2 [チャット] をオンすると、チャットが利用できるようになる。個別にメッセージを送信したい場合は3 [手動チャット] に設定しておく。

Q27 LINEチャットを送信できるユーザーを増やしたい。

予約の確認や連絡などにLINEチャットを使いたいです。ユーザーからメッセージを送ってもらわないとLINEチャットはできませんが、どうすればチャットができる友だちを増やせますか？

A メッセージを気軽に送ってもらえるように働きかけましょう。

チャットはユーザーのメッセージ送信から開始する

LINEチャットは、ユーザーが企業・店舗にメッセージを送信することで、やりとりを開始できます。これは、**ユーザーに安心してLINEチャットを利用してもらうための仕組み**ともいえます。

予約の確認・変更などの用途でチャットを使うなら、まずはユーザーからメッセージを送ってもらえるようにしましょう。一度送信してもらえば、それ以降は企業・店舗側からもチャットを送信できます。

[ユーザーにメッセージを送ってもらうアイデア]

- あいさつメッセージ内で、LINEチャットを許可してくれる人は、スタンプをメッセージで送ってもらえるように促す
- 予約をLINEチャットで受け付ける
- リサーチ（Q.25／P.086）代わりに、「どのような情報が欲しいかチャットでお寄せください」と促す
- 応答メッセージ（Q.28／P.094）で、特定のワード（店名や商品名）を含むメッセージを送るとクーポンなどを返すように設定する
- ステータスバー（Q.30／P.099）でチャットを受け付けていることを案内する
- 店頭などで「ぜひ、LINE公式アカウントに話しかけてくださいね」と直接声がけをする

期待できる効果

- **LINEチャットでやりとりできるので連絡しやすい**
- **チャット可能なユーザーが増えると来店や利用につながる**
- **前日に予約のリマインドができると安心してもらえる**

チャットの送信方法

1［チャット］をタップすると、LINE公式アカウントにメッセージを送信したユーザーが一覧で表示される。メッセージを送りたい2［ユーザー］をタップ。3［設定］をタップすると［チャット設定］を表示できる。

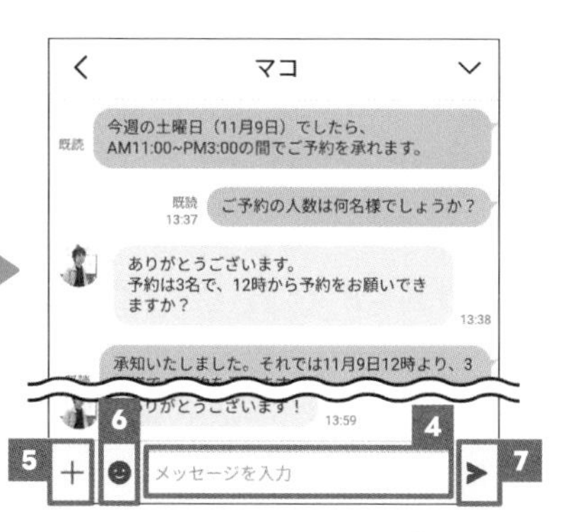

チャット画面が表示された。4［入力ボックス］でテキスト入力できるほか、5［+］をタップして画像やファイルなどを添付したり、6をタップしてスタンプを送信したりできる。メッセージの作成が完了して7［送信］をタップすると、ユーザーに個別のメッセージが送信される。

ワンポイントアドバイス

LINEチャットでは画像やPDFも送信可能

通常のLINEアプリと同じく、LINEチャットでも友だち追加してくれたユーザーとのやりとりで、画像やPDFなどを送信できます。ただし、各種ファイルは1年の保存期間が過ぎると閲覧できなくなるので、注意が必要です。

関連

Q.11　友だち追加してくれたユーザーに、最初にお礼を伝えたい。……P.046
Q.28　よく聞かれる質問に効率的に回答したい。……P.094

28 よく聞かれる質問に効率的に回答したい。

お客さまから、営業時間に関する質問をLINEチャットで度々いただきます。他にも同じ内容の質問が来ることがあるので、回答をスムーズにしたいです。

A キーワードに自動返信する「応答メッセージ」を設定しましょう。

キーワードに対して自動で返信

「応答メッセージ」とは、ユーザーからチャットでメッセージを受信したときに自動で送信されるメッセージのことです。事前に指定した「キーワード」が含まれたメッセージに対して、設定した内容を自動で返信します。よくある質問に応答メッセージを使って自動で対応できれば、業務負荷の削減や、ユーザーの課題の迅速な解決につながります。

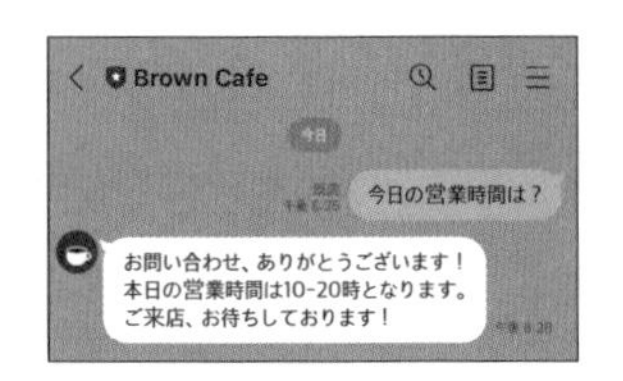

指定したキーワードが含まれたメッセージに自動で返信できる。

応答メッセージを利用するには、ユーザーからのメッセージによく含まれる言葉をキーワードとして登録し、それに対して回答を入力します。例えば、営業時間についてよく質問されるなら、「営業時間」というキーワードと、その回答を設定しましょう。営業時間などの基本情報のほかにも、パンの焼き上がり時間やクリーニングにかかる時間、テイクアウトの有無、予約キャンセル、送料など、**業界・業種それぞれのケースで、よく聞かれる質問を登録しておくと便利です**。

応答メッセージを設定したら、あいさつメッセージやメッセージ配信で、質問に対応しているキーワードを案内しておきましょう。ユーザーにチャットで質問してもらいやすくなります。

応答メッセージの設定方法

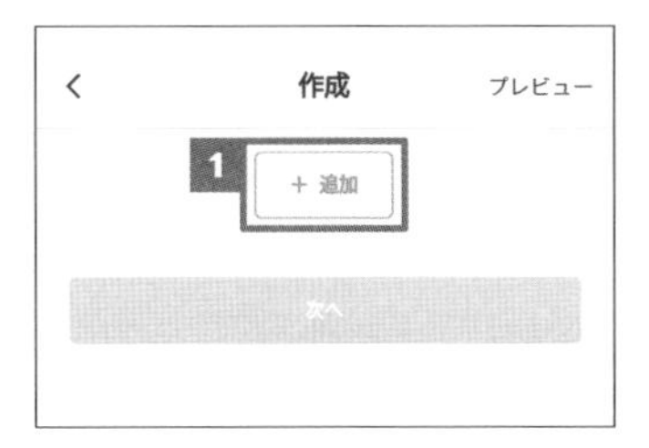

[ホーム] → [応答メッセージ] を順にタップ。1 [+追加] をタップし、キーワードに対する返信内容をテキストやスタンプなどから選択する。

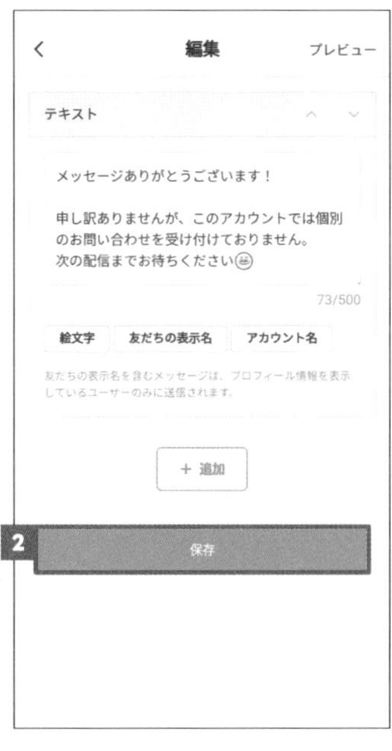

テキストの場合、通常のメッセージ配信と同様に内容を入力して2 [保存] をタップ。

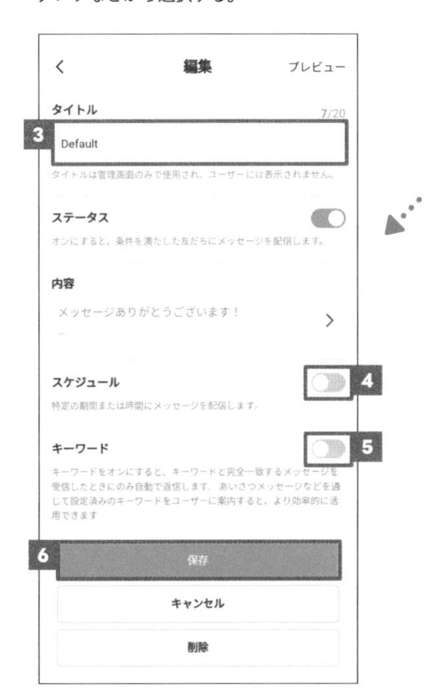

3 管理用のタイトルを入力。4 [スケジュール] をオンにすると、応答メッセージでの対応期間を指定できる。5 [キーワード] をオンにすると、自動で返信するキーワードを複数設定できる。それぞれの設定を終えたら6 [保存] をタップする。

次のページに続く

APIを使ったボット機能

さらに高度で効率的なコミュニケーションを行いたい場合は、Messaging APIを使ったボット機能の活用が有効です。ユーザーからメッセージを受け取ると、ボットサーバーから返信が送られます。APIを使ったボット機能を使うには、別途、開発パートナーとの連携（有料）が必要です。

期待できる効果

- **すぐに返信できるので、ユーザーを待たせずに済む**
- **手が離せないタイミングで質問が来ても、自動で返信可能**
- **固定電話がなくても、LINE公式アカウントで代用できる**

ワンポイントアドバイス

応答メッセージでは画像も自動返信できる

テキストだけで情報を伝えにくいときは、応答メッセージに画像を添付すると親切です。飲食店であれば「オススメ」「メニュー」などのキーワードと、それに対する回答としてテキストと一緒に実際の商品画像を設定しましょう。

画像の設定も可能。

Q 29 簡単な質問に対して、最適な内容を手間をかけずに返信したい。

LINEチャットに、営業時間や店舗の場所など、プロフィールに書いてある内容についての質問がよく来ます。なるべく設定に時間をかけず、対応を自動化したいです。

A 「AI応答メッセージ」と手動での対応を使い分けましょう。

簡単な質問はAI応答メッセージで自動応答

「AI応答メッセージ」は、ユーザーからの簡単な質問にAIが自動返信する機能です。**「応答メッセージ」と異なり、事前にキーワードの設定が不要のため、手間をかけずにチャット対応の工数削減を実現できます。**

営業時間や店舗の場所など、よく聞かれる質問の回答を「AI応答メッセージ」で設定すると、AIが内容を判断し、自動的に応答してくれます。**基本情報などの項目に関してはプロフィール情報から引用されるため、**営業時間や店舗の所在地などの情報に変更があった場合はすぐに更新しましょう。

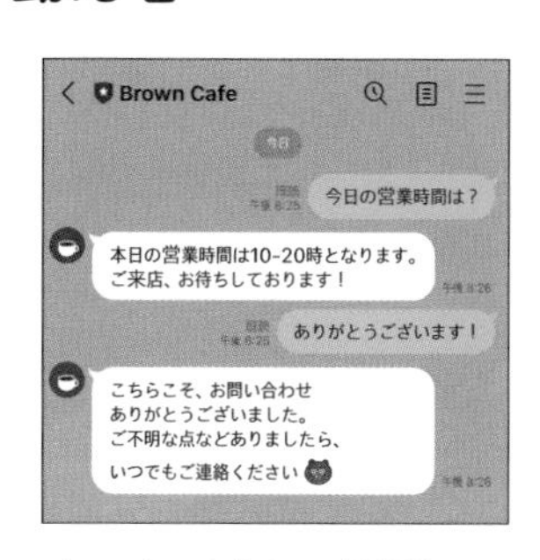

チャットの内容をAIが判断して、メッセージを自動で返信できる。

ただし、ユーザーから寄せられる込み入った質問は、応答メッセージ（Q.28／P.094）同様、適切な返信が難しいので、手動のLINEチャットに切り替えて対応しましょう。

期待できる効果

- **応答メッセージと違い、キーワード設定が不要**
- **設定の手間をかけずに、簡単な質問に自動返信できる**
- **自動返信での対応が難しい場合は、手動のLINEチャットに切り替えられるので安心**

次のページに続く

AI応答メッセージの設定方法

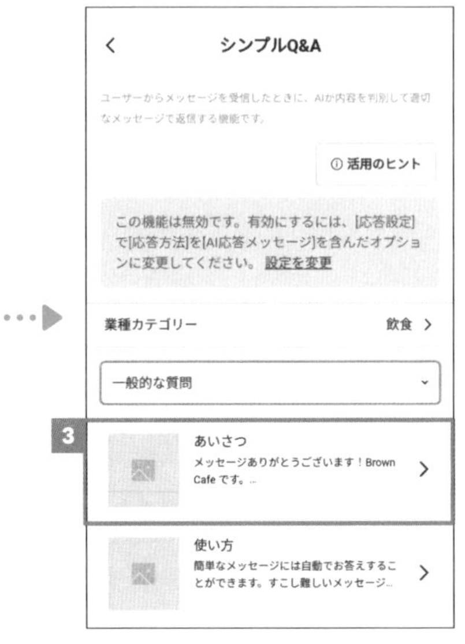

［ホーム］→［設定］→［応答］を順にタップ。1［応答機能］の［チャット］がオンになっていない場合はタップして設定する。続いて、2［応答時間内］もしくは［応答時間外］をタップし、それぞれの対応方法としてAI応答メッセージを設定できる。

［ホーム］に戻り、［AI応答メッセージ］をタップ。［業種カテゴリー］で当てはまる業種を選択して［保存］をタップすると、3［回答］の一覧が表示される。タップすると内容の確認や編集ができる。

ワンポイントアドバイス

時間帯によって応答方法を使い分けよう

ピーク時や営業時間外など、チャットの手動対応が難しい時間帯でも、自動で返信できればユーザーを待たせることはありません。自動で応答したいときは、Q.28（P.094）の手順を参考に「応答設定」を確認しましょう。

関連

Q.10 ユーザーにLINE上で店舗の基本情報を知らせたい。 P.044

Q 30 手が離せないタイミングで、LINEチャットが来てしまう。

LINEチャットでメッセージが送られてきたとき、業務で手が離せずにすぐに返信できないことがあります。応答できない時間を設定した上で、対応することはできますか？

A 「応答時間設定」と「AI応答メッセージ」を組み合わせましょう。

普段の業務に影響しない運用方法を選ぶ

LINEチャットは、ユーザーの問い合わせに個別に返信できる機能です。しかし、接客などのピーク時には、すぐに返信するのが難しいでしょう。その場合は、**管理画面上で応答時間を設定しつつ、自動応答を組み合わせて、効率的に運用できるようにしましょう**。

チャット対応をオンにした場合、応答時間中の対応方法として「手動チャット」と「応答メッセージ」、「AI応答メッセージ」の組み合わせを４パターンから設定できます。また、応答時間外は「応答メッセージ」と「AI応答メッセージ」、その両方の３パターンから選択できます。

毎回手動チャットで対応できなくても、状況に合わせて応答メッセージと使い分けることで、ユーザーを待たせることなく適切な案内が可能になります。手動対応の際はユーザーからのメッセージの受信に気付く必要があるため、「通知設定」の状況についても確認しておきましょう。

応答メッセージを使う場合、応答メッセージごとに、オン／オフの切り替えとスケジュール設定ができるので、特定の期間や時間のみ、事前設定しておいた応答メッセージで返信するといった設定もできます。

期待できる効果

- **ピーク時は自動で対応することで、業務に集中できる**
- **簡単な質問には自動ですばやく返信できるので、手間がかからない**
- **手が空いているタイミングで、自動で返信した内容を確認できる**

次のページに続く

通知設定の方法

1をタップ。

2［ユーザー設定］→［通知］を順にタップ。

3［通知を許可］がオンになっているかを確認。また、［変更する］と表示されている場合はそれをタップして、端末の設定で通知を許可する必要がある。**4**［アプリ内通知］で通知の形態を変更可能。

5［通知を受け取る項目］をタップすると、通知を受け取る項目を詳細に設定できる。

応答時間の設定方法

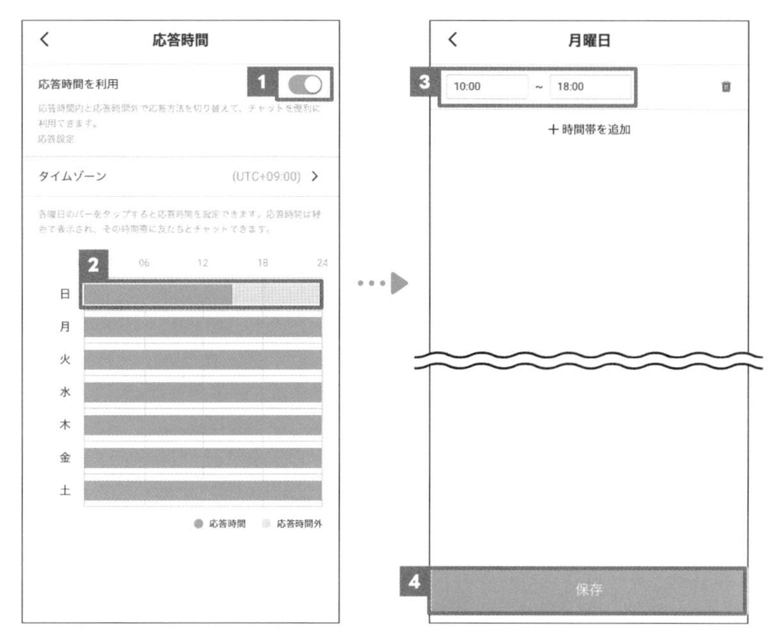

［チャット］→［設定］→［応答時間］を順にタップ。［応答時間を利用］を**1**［オン］にすると、応答時間と応答時間外で対応方法を変更できる。応答時間を設定するには各曜日の**2**バーをタップ。**3**に時刻を入力して**4**［保存］をタップすると、その曜日の設定が保存される。

ワンポイントアドバイス

「ステータスバー」で対応状況を知らせよう

LINEチャットの機能で、トーク画面上部に応答状況を表示できる「ステータスバー」があります。チャットの応答モードや応答時間の目安などをユーザーに伝えることができるので、ぜひ活用しましょう。

対応状況を「ステータスバー」で表示可能。［チャット］→［設定］→［ステータスバー］から設定できる。

Q 31 チャット対応を効率化しつつも、できるだけ丁寧に対応したい。

チャットのお問い合わせに対して、個別に返信するようにしています。ただ、決まった挨拶や共通する案内などを入力するのに時間がかかるので、その部分は効率化したいです。

A 「定型文」を活用しましょう。

定型文を使った返信で、やりとりを効率化

LINEチャットでは、「定型文」を設定できます。ユーザーからのよくある問い合わせに手動で返信するときは、定型文を設定しておくと効率的に対応可能です。

定型文では、書き出しの挨拶、文末の挨拶、店舗へのアクセス、予約や利用の案内、お詫び、お礼など、**高い頻度で利用する文章を設定しておくのがオススメです**。設定した定型文を追加して返信用のメッセージを作成すれば毎回入力する手間が省けるので、迅速かつミスのない返信が可能です。

また、問い合わせ内容に合わせて定型文の前後に手動でメッセージを追加すれば、テンプレートのような印象を抱かせずに返信することができます。定型文をうまく活用しながらも、自然に会話するようにユーザーとコミュニケーションが取れれば、関係性も深まるでしょう。

定型文にはタイトルを設定できます。それぞれに「冒頭挨拶・秋」「結びの挨拶」「予約フォーマット」「お詫び」「お礼」などのタイトルを設定しておけば、複数人でLINEチャットに対応する際も、定型文の選択ミスを防ぐことができます。

期待できる効果

- **忙しいときも丁寧にLINEチャットで返信ができる**
- **チャットの送信ミスが減り、信頼感を高められる**
- **自社のキャッチフレーズなど、入力に手間がかかる文にも使える**

定型文の設定方法

1［チャット］→2［設定］→［定型文］→［+］を順にタップすると［定型文を作成］が表示される。3［タイトル］と4［メッセージ］を入力して5［保存］をタップ。

定型文の送信方法

チャットを表示した状態でメッセージの入力ボックスの横にある［+］→1［定型文］をタップすると、保存した定型文の一覧が表示される。使用する定型文をタップ。

入力ボックスに定型文が挿入された。メッセージを手動で追加したり、一部を削除したりすることもできる。編集が完了したら2［送信］をタップ。

Q 32 未対応のチャットがないか、気になってしまう。

LINEチャットでメッセージ対応をした後、やりとりが完結したかどうか分からなくなって、何度も管理画面を確認してしまいます。効率よく管理する方法はありませんか？

A チャットの「ステータス」を登録して管理しましょう。

チャットの状況を登録して対応漏れを防止する

問い合わせの内容によっては、1回のやりとりで対応が完了しないチャットもあります。そこで役立つのがチャットの対応状況を登録できる「ステータス」機能です。対応中のものには「要対応」、完了したものには「対応済み」とステータスを登録することで管理しやすくなり、対応漏れもなくなります。

ステータスを対応済みに変更する前に、問題が解決したか、他に困りごとがないかをユーザーに念のため確認すれば、後日「チャットを放置された」とクレームになるのを防げます。なお、**登録したステータスはユーザーには表示されません**。

チャット一覧では、「未読」「要対応」「対応済み」でソートできます。複数名のスタッフでチャットの対応をしていたり、問い合わせが多く複数のユーザーとやりとりしていたりする場合は、状況を登録した上で「要対応」のものが残っていないかを必ず確認しましょう。「対応済み」にソートしてチャットを検索すると、過去の類似したやりとりを探し出せるので、返信に生かすことができます。

対応済みになった後に、同じユーザーから新たにチャットが来ることもあります。その場合は、忘れずに「要対応」などにステータスを変更しましょう。

期待できる効果

- **LINEチャット経由の問い合わせに、忘れずに返信できる**
- **対応が途中のチャットを見落とさない**
- **細やかに対応できると、気軽に相談してもらえるようになる**

チャットのステータスの変更方法

[チャット] をタップして、ステータスを変更したいチャットをタップする。続いて**1**をタップ。

メニューが表示された。対応中のものには**2** [要対応オン] を、対応が完了したら**3** [対応済み] をタップ。**4**をタップするとチャットに戻る。

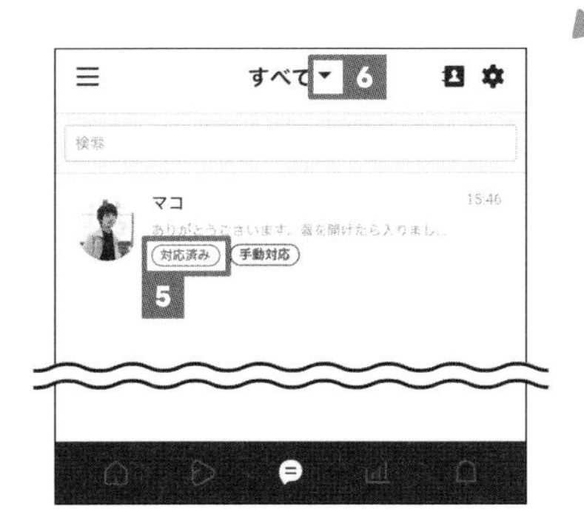

チャットの一覧では、**5** [ステータス] を確認できる。一覧をソートしたいときは**6**をタップ。

ワンポイントアドバイス

ユーザーの返信が途切れても安心

LINEチャットはユーザーのスマートフォンにプッシュ通知されますが、受け手のタイミングによってはやりとりが途切れてしまい、対応完了までに時間がかかる場合があります。日頃からユーザーとのLINEチャットを頻繁に活用する企業・店舗は、ステータスをきちんと変更しておけば、「要対応」チャットをソートして一覧表示することが可能です。やりとりが途切れたユーザーに後日、リマインドすることで細やかなチャット対応ができ、安心感を持ってもらえます。

Q 33 ユーザーの印象に残る、画像付きのメッセージを作りたい。

他のLINE公式アカウントで、画像などを使った目をひくメッセージを見かけました。自社のメッセージ配信でも使ってみたいのですが、どのようにすればよいですか？

A 「リッチメッセージ」を作成しましょう。

リンクやクーポンへワンタップで誘導できる

「リッチメッセージ」とは、画像やテキスト情報が1つのビジュアルにまとまったメッセージです。リンクやクーポンを設定すれば、ワンタップでアクセスしてもらえます。**見た目のインパクトがあるのでトークを開いたときに印象に残りやすく、ユーザーのクリックを促せます**。

「リッチメッセージ」を使うとインパクトのあるメッセージを作成できる。

リッチメッセージは、Web版管理画面から作成可能です。タップした際に設定できる「アクション」には、指定のWebページへ遷移させる「リンク」と、LINE公式アカウント内のクーポンページに遷移させる「クーポン」があります。複数のアクションを設定できるテンプレートもあり、別のリンクやクーポンを1つのメッセージに含めることができます。

リッチメッセージの背景画像は、あらかじめ用意した画像をアップロードするか、設定時に作成します。画像を用意する場合は、テンプレートと同じように区切られたデザインの、1枚の画像である必要があります。

作成したリッチメッセージの配信は管理アプリでも可能ですが、作成はWeb版管理画面からしかできないため注意してください。

期待できる効果

- 画像が入った、読み飛ばされにくいメッセージの作成が可能
- ユーザーの印象に残るので、アクションしてもらいやすい
- テンプレートに沿って簡単に作成できる

リッチメッセージの作成方法

Web版管理画面で［メッセージアイテム］→［リッチメッセージ］→［作成］を順にクリック。続いて**1**［テンプレートを選択］から使用するテンプレートを選択すると、背景画像やアクションの設定ができるようになる。アクションの**2**［タイプ］で「リンク」か「クーポン」どちらかを選択すると、ユーザーがメッセージをタップしたあとの操作の設定ができる。作成が完了したら**3**［保存］をクリック。完成したリッチメッセージはメッセージの作成画面から配信設定ができる。

ワンポイントアドバイス

ユーザーの行動を促すデザインのポイント

　リッチメッセージのクリックを促すには、デザインやテキストは極力シンプルにしましょう。その上で「詳細はこちら」といった要素を配置するのがポイントです。

○

×

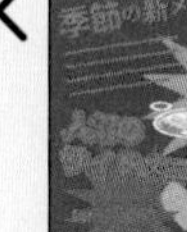

Q 34 リアルタイムで商品説明やカウンセリングを行いたい。

遠方のお客さまに商品案内やカウンセリングをしたいです。商品を見せつつお客さまの反応を見ながら話せる、気軽に利用できる機能があるといいのですが……。

A 無料で使える「LINEコール」を活用しましょう。

LINE公式アカウントでビデオ通話ができる

「LINEコール」は、ユーザーからの音声通話やビデオ通話を、LINE公式アカウントで無料で受信できる機能です。

特にビデオ通話では、**店舗での接客と同様に、ユーザーの反応を伺いながら対応できます**。実際の商品や物件を動画で案内する、化粧品の使い方を教える、事前に希望するヘアスタイルのカウンセリングをする、アルバイトの面接をする、オンラインレッスンを提供するなど、さまざまな用途で活用できます。

電話ボタンをタップすると通話が開始される。

LINEコールを利用するには、ユーザーから音声通話やビデオ通話を発信してもらう必要があります。LINEチャットと同様に企業・店舗側からは発信できないため、プロフィールにボタンを設置したり、メッセージで利用方法を案内したり、チャットで通話リクエストを送ったりしましょう。通話終了後には履歴が残るので、後からチャットでフォローすることもできます。

また、有料プランを利用している場合は、LINEコールの着信を店舗などの電話番号に無料で転送することも可能です。

期待できる効果

- 無料なので、気軽に通話してもらえる
- ビデオ通話で、商品の使い方などを教えられる
- 顔を見ながら話せるので、ユーザーとの距離が縮まる

LINEコールの設定方法

1［チャット］→2［設定］を順にタップ。続いて［電話］をタップ。

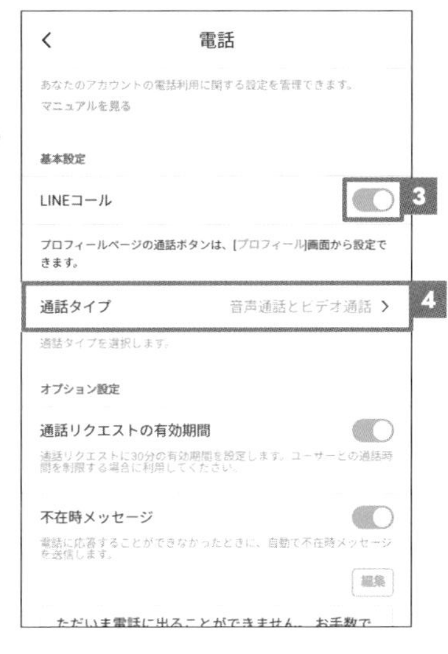

3［LINEコール］をタップしてオンにすると、［LINEコールが利用できるようになりました］と表示される。続いて［通話タイプを選択］をタップする。

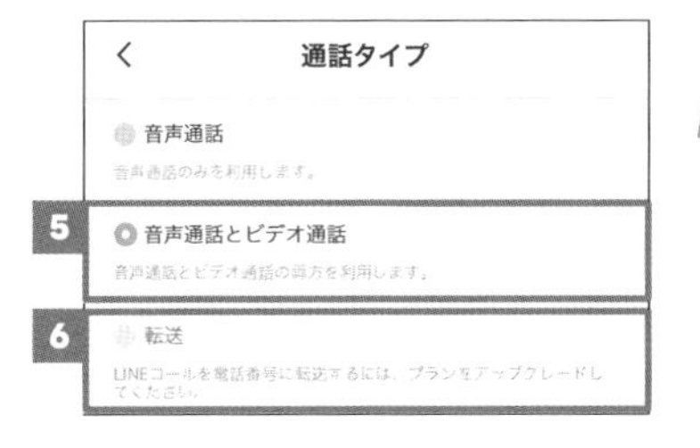

4をタップすると、通話タイプの設定画面が表示される。5［音声通話とビデオ通話］をタップすると、ビデオ通話ができる。ライトプラン、スタンダードプランの場合は6［転送］も利用可能。

ワンポイントアドバイス

QRコードでLINEコールの発信を活性化

LINEコールはURLやQRコード経由でも発信可能です。手順5で表示されるQRコードを名刺や紙のショップカードに掲載すれば、ユーザーからの発信を促すと同時にLINE公式アカウントも友だち追加してもらえるので、一石二鳥です。

※QRコードやURLの発行は、「通話リクエストの有効期間」をオフに設定している場合に利用できます。

Q35 テイクアウトサービスの告知や予約に利用できる？

新しくテイクアウトサービスを開始しました。このことを、既存顧客に伝えたいです。また、商品の予約注文も取れるといいなと思います。コストをかけずに実現する方法はありますか？

A 「メッセージ配信」と「LINEチャット」を併用しましょう。

告知はメッセージ配信、予約はLINEチャットで

新たにテイクアウトサービスを始めるにあたって、予算をかけずに告知し予約を受け付けたいという場合は、**LINE公式アカウントの基本機能を最大限活用しましょう**。

まず、メッセージ配信でテイクアウトサービスを開始したことを、友だち追加しているユーザーに伝えます。テイクアウトサービスの受付時間、メニューなどもあわせてお知らせしましょう。さらに、割引クーポンも一緒に配信できると、一気に利用意向が高まります。

商品を予約する方法として、LINEチャットを活用するのも有効です。メッセージ配信で興味を持ったユーザーから、氏名、メニュー、個数、受け取り時間などを送ってもらいましょう。チャット内容を確認して返信した後、注文商品を準備します。受け取り時間を過ぎても来店がない場合は、1対1のトーク画面でチャットを送信すれば、店舗側からの個別連絡が可能です。

テイクアウトサービスに限らず、LINEチャットは美容室の予約や教室・習い事の申し込みなど、さまざまな業界で予約を効率よく受け付けるのに便利です。

期待できる効果

- **LINE公式アカウントの基本機能でテイクアウトサービスを提供できる**
- **テイクアウトに関する告知が、そのままメニューの宣伝にもなる**
- **自社に興味を持つ「友だち」からサービスの利用を広げられる**

テイクアウトでの活用例

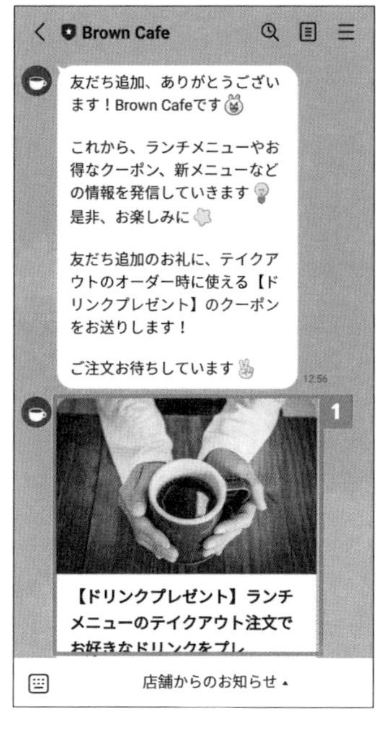

テイクアウトの告知や予約方法は、友だちにメッセージを送信して伝える。1［クーポン］を付けるのも効果的。

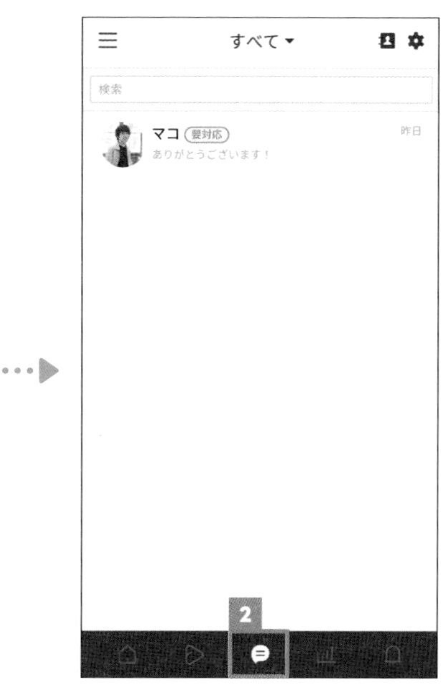

ユーザーから注文に関するLINEチャットが送信されたら、2［チャット］で内容を確認して返信する。受け取り時間にあらためてチャットをしてもよい。

ワンポイントアドバイス

LINEチャットで注文処理のミスをなくす

テイクアウトサービスの注文受付を電話で行う場合は記録が残りにくいため、メニューや受け取り時間など、注文の取り違えが発生する可能性があります。LINEチャットは手軽に利用できるだけでなく、ユーザーとのやりとりが履歴として残るため、トラブル防止にもつながります。

関連

Q.12 DMやチラシの代わりになる、情報の発信手段を探している。 …… P.048
Q.13 友だちにメッセージと一緒にクーポンを配布したい。 …… P.051
Q.26 チャットで質問や各種相談を受け付けたい。 …… P.090

Q 36 デリバリー効率化のために、ユーザーの位置情報を確認したい。

デリバリーが徐々に軌道に乗ってきたのですが、お届けする際、住所だけだと場所が分かりにくいことがあります。LINEを使って、ユーザーと位置情報をやりとりできますか？

A チャットで位置情報を送信してもらいましょう。

トーク画面で位置情報をやりとりできる

デリバリーの配達スタッフにとって、届け先の分かりやすさは業務効率に大きく影響します。LINEチャットでユーザーの位置情報を共有してもらえば、**分かりにくい場所や、入り組んだ場所でも簡単に把握できます**。

位置情報はユーザー同士の情報共有や待ち合わせによく使われる機能ですが、企業・店舗のLINE公式アカウントが相手でも使用可能です。位置情報を送信してもらいたいときは、次ページで解説する操作手順をユーザーに伝えましょう。住所とともに位置情報を確認できれば、スムーズに商品をお届けして、ユーザーの満足度を高めることができます。

送信された位置情報をタップすると、場所が地図上に表示される。

期待できる効果

- 位置情報を送ってもらうことで、道に迷うのを防げる
- 外出先など、自宅以外の場所にいるユーザーへの配達時にも便利
- テキストで行き方を説明してもらうよりも場所を正確に把握できる

ユーザーが位置情報を送信する方法

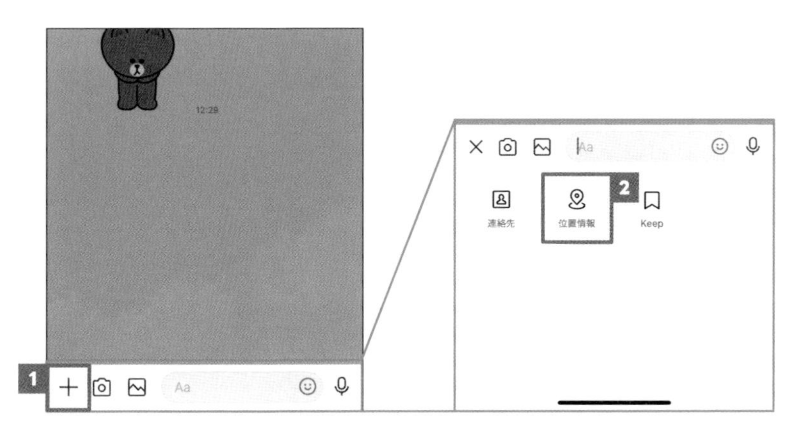

1 [+] をタップ。

展開されたメニューのなかから、2 [位置情報] をタップ。

[位置情報] が表示された。3 [送信] をタップ。

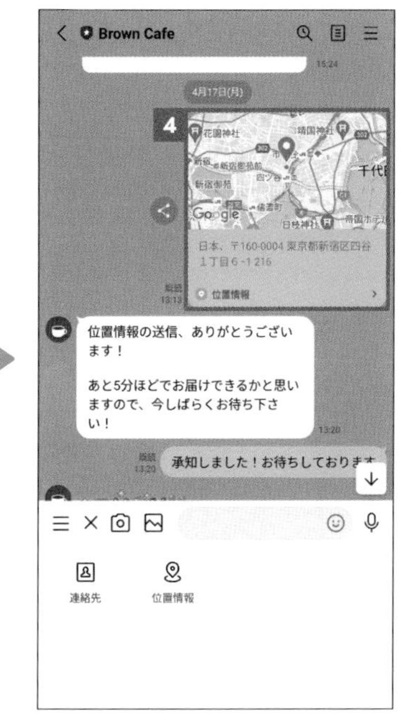

[位置情報] が送信されているのを確認できた。4をタップすると、トーク上で地図が表示される。

Q 37 飲食店の注文のやりとりをスムーズにしたい。

注文の受け付けをスムーズにするために、事前にテイクアウトの注文を受け付けられる仕組みや、店内でセルフオーダーができる仕組みを探しています。いい方法はありますか？

A LINEミニアプリ「モバイルオーダー」でどちらも対応できます。

LINEミニアプリで飲食店の注文受付をスムーズに

LINEミニアプリとは、LINEアプリ内で注文受付や順番待ち、予約など、店舗や施設で使えるサービスを簡単に提供できる仕組みです。ユーザーは、QRコードやリンクからLINEミニアプリを起動できるので、専用アプリのダウンロードやユーザー登録をせずに利用を開始でき、一般のアプリに比べて使い始めのハードルが低いのが特徴です。その際、自社のLINE公式アカウントの友だちに追加できればLINEミニアプリの利用状況に応じたメッセージの配信も可能になるので、併用することでより効果的なコミュニケーションができます。

しかも、LINEミニアプリの起動時に、LINE公式アカウントの友だち追加を促せるため、友だち集客の効果があります。友だちに追加されれば、LINEミニアプリの利用状況に応じたメッセージの配信も可能で、これを併用することでより効果的なコミュニケーションができます。LINEミニアプリにはさまざまな機能がありますが、飲食店でのテイクアウトの注文受付や店内でのセルフオーダーに対応するには、「モバイルオーダー」が適しています。

期待できる効果

- **別のアプリをインストールする必要がないので抵抗なく使ってもらえる**
- **ユーザーが自由に注文でき、業務の効率化につながる**
- **メニューと在庫を連携すれば、売り切れ商品の注文を防げる**

モバイルオーダーを起動すると、店舗が提供するメニューが表示され、オーダーから決済まで完了できます。**注文受付をシステム化することで、スタッフの業務を効率化できるだけでなく、注文の聞き間違いや取りこぼしなども防げます**。

テイクアウト（店外）からの活用の流れ

LINEミニアプリのモバイルオーダーを使うと、ユーザーはテイクアウトの注文を来店前にどこからでも注文できるようになります。モバイルオーダーを開くと、テイクアウトのメニューが表示されるので、注文したいメニューを選択すれば注文完了です。決済までLINE上で完結することもできます。

店舗側では、モバイルオーダーでテイクアウトの注文が入ったら、商品の準備を行い、ユーザーが来店したら注文内容を確認して受け渡します。モバイルオーダーで決済まで完了している場合は、店頭での支払いは不要になるので、スムーズに受け渡しができ混雑緩和につながります。メニューと在庫を連携することで、売り切れ商品の注文を防ぐこともできます。

セルフオーダー（店内）からの活用の流れ

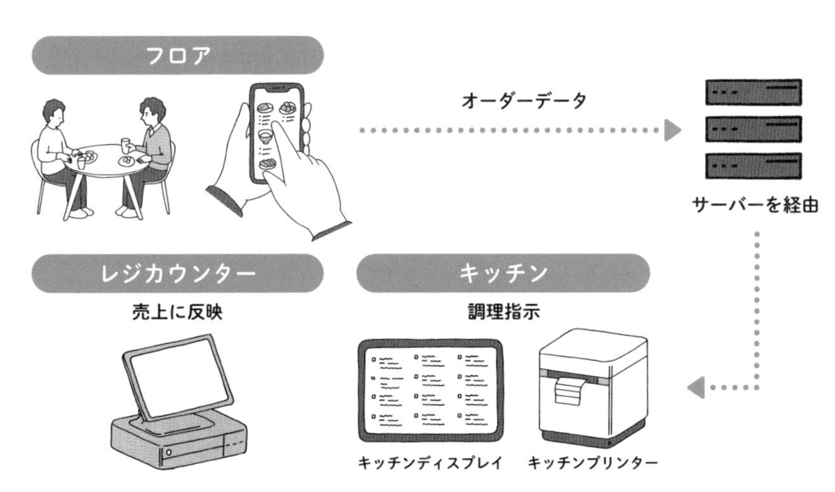

店内で飲食するユーザーは、LINEミニアプリのモバイルオーダーを使ってセルフオーダーができます。ユーザーは、好きなタイミングでモバイルオーダーから注文できます。ユーザーから受け付けたオーダーデータは、サーバーを経由してキッチンに

次のページに続く

届くので、通常通りにメニューを用意して提供します。
　店員を介した注文の場合、ユーザーが追加注文したくても店員が忙しそうに見え、注文をあきらめることがありますが、セルフオーダーであればユーザーのタイミングで注文できるので、顧客単価の引き上げに期待できます。店員は、注文受付やキッチンに注文を伝える業務が不要になるので、ユーザーへのサービス提供に注力でき、サービス品質を向上できます。また、注文受付時の聞き間違いや入力漏れといったミスの削減が可能です。
　さらに、各席にメニューを置く必要がなくなるので、メニューの追加や変更があった場合でも、データを更新するだけで済みます。ランチメニューとディナーメニューを時間帯で切り替えて表示することもできます。

モバイルオーダーをより活用してもらうには？

　テイクアウトでのモバイルオーダーの利用者を増やすには、リッチメニューにモバイルオーダーへのリンクを設定しておくとよいでしょう。ユーザーは、LINE公式アカウント経由でLINEミニアプリを開いて、テイクアウトの注文に進めます。LINE公式アカウントからメッセージを配信して、モバイルオーダーの使い方を案内するのもおすすめです。
　店内でのセルフオーダーは、各席にLINEミニアプリのQRコードを印刷したPOPを用意しておきましょう。ユーザーは自分のスマートフォンからLINEミニアプリを起動して注文できます。

LINEミニアプリの導入について

　モバイルオーダーを始めとしたLINEミニアプリには、店舗や業態に合わせてさまざまな機能が提供されています。必要な機能を選んで利用できる、柔軟性のある仕組みであることが魅力です。
　LINEミニアプリの導入には、開発会社が提供する「パッケージ」を利用する方法と、より高度な機能を提供するために「個別開発」を行う方法があります。パッケージは、モバイルオーダーに関連する開発済みの機能一式を導入する方法です。自社での設計や開発が不要で、初期費用が数万円からと比較的安価に導入できる点や、導入から運用開始までの期間を短くできる点がメリットです。

メニューをコンテンツ化してファンを作ろう

LINEミニアプリのモバイルオーダーのメニューは、Web管理画面から行います。LINEミニアプリの設計にもよりますが、メニューを一覧表示するだけでなく、そのメニューの特徴や利用している食材の産地の紹介などを掲載することも可能です。

通常、テーブル席に設置しているメニューは、製本やラミネート加工などの物理的な作業が必要で、柔軟なメニューの更新がしにくいという課題があります。しかし、Webであれば簡単に情報を更新できるので、季節や仕入れ状況などに合わせて、臨機応変に変更できるのがメリットです。

メニュー以外にも、店員の紹介コーナーを掲載している事例もあります。モバイルオーダーによって注文受付などの業務的なやりとりが減る一方で、その店員の紹介を見て話しかけてくれる顧客が増えるなど、新しいコミュニケーションのきっかけとなっています。

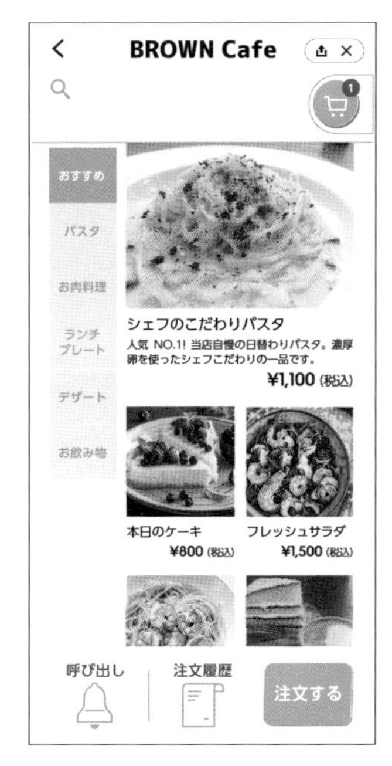

モバイルオーダーのイメージ。商品画像や食材の産地紹介などを掲載することもできる。

POSシステムとの連携について

モバイルオーダー機能を持つLINEミニアプリを導入する場合、POSシステムとの連携有無を選択できます。POSシステムと連携させる場合、LINEのユーザーと既存のPOS側のメニュー情報や売上データを紐付けることができる※ので、ユーザーが自社のLINE公式アカウントを友だちに追加している場合は、注文内容に応じたメッセージの配信が可能になります。例えば、先月ビールを1杯以上注文した人に、翌月の初めにビールの割引券を送付するというように、ユーザーの好みに合わせて配信ができます。POSシステムとの連携が難しい場合は、この機能は活用しなくても、店内からの注文受付に対応できますし、LINEミニアプリのユーザーを抽出して、そのユーザーをターゲットにしてLINE公式アカウントからメッセージの配信をするといった活用ができます。

※データの取得・活用にはユーザーの許諾が必須となります。

Q38 自分のお店にマッチするLINEミニアプリを探したい。

LINEミニアプリがたくさん増えてきているので、どれが自分のお店にマッチするのかを知りたいです。LINEミニアプリの探し方のコツはありますか？

A LINEミニアプリ認定パッケージ一覧から探しましょう。

業種や機能などの条件を指定して検索可能

LINEミニアプリの導入方法には、開発会社が提供する「パッケージ」を利用する方法と、より高度な機能を実装可能な「個別開発」を行う方法があります。パッケージは自社での設計や開発が不要で、比較的安価に導入でき、導入期間も短期間です。予算が限られていて、簡単に導入したいという個人店舗や中小企業の場合は、パッケージでの導入がおすすめです。

パッケージで提供されるLINEミニアプリが増えているので、LINEが認定したLINEミニアプリの一覧をまとめたWebページを用意しています。業種や機能を条件として指定して検索すると、条件にマッチするLINEミニアプリの概要が表示されます。また、LINEミニアプリの［詳細］をクリックすると、機能の詳細や費用、導入店舗名、問い合わせフォームが表示されます。条件にマッチすると思ったら、フォームから問い合わせをしてください。詳しい要件や導入について、開発企業と相談できます。

▷ **LINEミニアプリ認定パッケージ一覧**
https://www.linebiz.com/jp/service/line-mini-app/package/

期待できる効果

- **業種や機能に合わせて最適なLINEミニアプリを探せる**
- **初期費用や月額費用、活用事例なども探せる**
- **開発企業への問い合わせが簡単にできる**

LINEミニアプリで「順番待ちシステム」を実現

LINEのメッセージにリマインドが届くため、来店を促す連絡の見逃しを防げる

「順番待ちシステム」とは、紙で行っていた順番待ちリストの作成や受付番号の発券を、オンライン上で管理するシステムです。スタッフや来店客の負荷軽減と混雑緩和が期待できるほか、取得したユーザー情報を販促施策に活用できます。

LINEミニアプリにも「順番待ちシステム」があり、飲食店をはじめとするサービス業の順番待ちや、呼び出しのお知らせをLINEのメッセージで配信できます。ユーザーは店舗や施設における混雑状況の確認、順番待ちの発券・呼び出し通知がLINEで完結するので便利です。

一般的な順番待ちシステムの場合、メールで呼び出しを行う方法が主流ですが、メールの場合は受信の見落としやドメインによっては届かないという課題がありました。LINEミニアプリは、LINEのメッセージから通知をするので、リアルタイムで気づきやすく、スムーズな来店につながります。さらに、LINEミニアプリのユーザーにLINE公式アカウントの友だち追加をしてもらうことで、順番待ちシステムを使ったユーザーの年齢や性別、地域といった属性を収集できます。順番待ちシステムの利用状況や属性に合わせて、メッセージやクーポンを配信することも可能です※。

順番待ち・呼び出し受付に対応するLINEミニアプリはいくつかあります。整理番号の作成（発券）方法や、順番が来たユーザーの受付方法を選べるだけでなく、待ち時間の表示、一括呼び出し、整理券のプリントなどにも対応可能です。どのように運用したいかを整理してマッチするLINEミニアプリを探し、開発企業と相談してください。

※LINE公式アカウントの友だち追加や各種データの利用には、ユーザーの許可が必要です。

ワンポイントアドバイス

イベントの入場整理もLINEミニアプリで効率化

順番待ち・呼び出し機能を持つLINEミニアプリは、飲食店だけではなく、イベント開催時にも有効です。例えば、期間限定のポップアップストアなど、行列が生まれがちなイベントでLINEミニアプリを利用すれば、スムーズな入場案内を行えるので、ユーザーにストレスなくイベントを楽しんでもらうことができます。

Q 39 サービス運用や技術的なサポートを受けたい。

LINE公式アカウントやLINE広告の運用を開始しましたが、なかなかうまく運用できません。技術的に難しいこともあるので、サポートしてくれる企業を探しています。

A LINEの認定パートナーに相談しましょう。

目的に応じて、認定パートナーを探す

LINE公式アカウントやLINE広告を運用していく中で、本書や各種サポートコンテンツだけでは解決できない問題も出てくるかもしれません。そうした場合は、LINEが提供する各種法人向けサービスの販売・開発を行う広告代理店や、サービスデベロッパーを認定・表彰するパートナープログラム「LINE Biz Partner Program」に参画している企業に、支援を依頼することを検討してもよいでしょう。

認定パートナーはLINEに関するサービスの支援において、豊富な実績があり、課題に合わせた提案力があります。さらに、認定パートナー限定の付帯サービスを利用できるため、**効率的かつきめ細かい支援を受けられる**のが特徴です。次ページで紹介するように、「Sales Partner」「Technology Partner」の２種類があります。パートナーを探すには、以下のURLにアクセスしてください。

▷ **パートナーを探す**
https://www.linebiz.com/jp/partner/

期待できる効果

- **LINEが認定している企業に相談できる**
- **技術的な支援だけではなく、導入や運用の相談も可能**
- **プロのサポートのもと、LINEのビジネス活用の幅が広がる**

[Sales Partner（セールスパートナー）]

LINE公式アカウントやLINE広告を中心とした広告商品を販売するパートナーです。LINEでは「LINE Biz Partner Award」を毎年開催しており、特に優秀なパートナーは「Diamond」「Gold」「Silver」として表彰・認定されます。

[Technology Partner（テクノロジーパートナー）]

LINE公式アカウントやLINE広告、「LINEで応募」「LINEミニアプリ」を中心とした広告商品とAPI関連サービスの導入において、技術支援を行うパートナーです。パートナーによって得意領域が異なるため、各領域ごとに一定以上の実績を満たしたパートナーに各種バッジを付与しています。

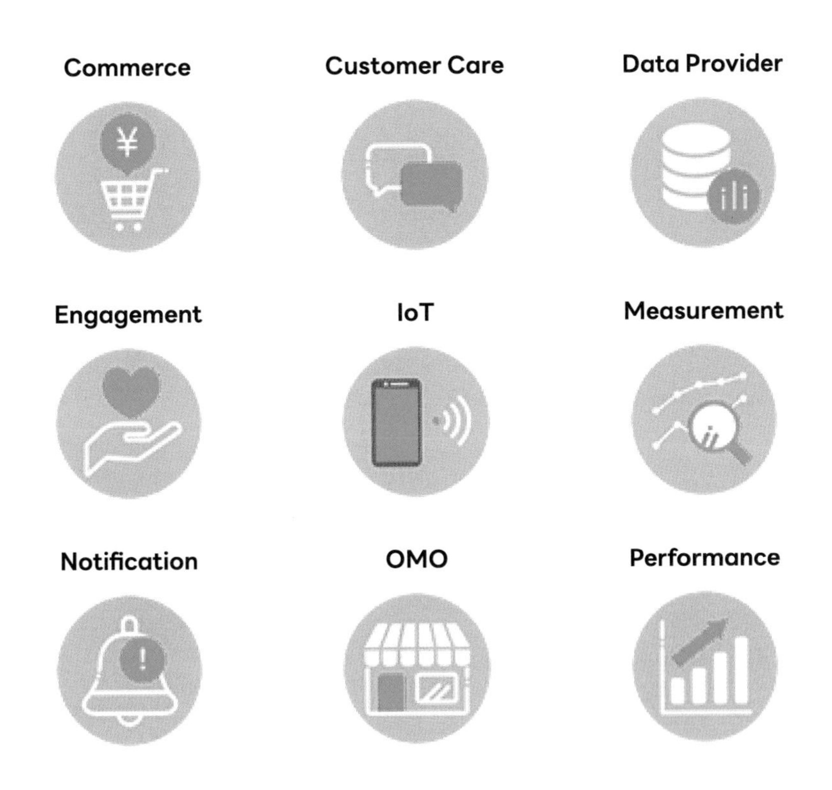

※バッジの詳しい説明は前ページの「パートナーを探す」から確認してください。

Q 40 LINE広告の配信面を指定したい。

LINE広告にはたくさんの配信面がありますが、想定していない場所に出るのが不安です。広告配信時に配信面を指定することはできますか？

A 詳細に指定できませんが、自動で最適な場所に表示されます。

アルゴリズムをもとに配信面が最適化される

LINE広告から配信される広告は、LINE内のトークリストやウォレットだけでなく、LINE NEWSやLINEマンガなど、各種ファミリーサービスにも配信されます。また、アドネットワークである「LINE広告ネットワーク」を通じて、提携する外部アプリへの広告配信も可能です。

広告グループを設定する際に「広告の配信」の項目で**配信先を「LINE」「LINE広告ネットワーク」から選択できます**。

広告配信面は、膨大なデータに基づくアルゴリズムによって自動最適化されるので、**「自動配置」を選択したほうが配信効果が見込めます**。

［トークリスト］での表示例。最上部に表示される。

［ニュース］のトップページや記事一覧ページに表示される。

［ウォレット］のトップページに表示される。

期待できる効果

- 広告が最適な場所に表示され、配信効果が見込める
- 運用初心者でも配信先の設定に気を配る必要がない
- LINE以外のサービスやアプリにも広告を配信できる

ワンポイントアドバイス

配信面に応じてクリエイティブを作り分けよう

LINE広告の配信面は、対応するクリエイティブのフォーマットとサイズがそれぞれ異なるので、事前に確認しましょう。

［主な配信面×フォーマット一覧］

	静止画					動画		
フォーマット（サイズ）	Card（1200×628）	Square（1080×1080）	Carousel（1080×1080）	画像（小）	画像（アニメーション）	Card（16:9）	Square（1:1）	Vertical（9:16）
トークリスト	○	○	×	○	○	×	×	×
LINE NEWS	○	○	○	○	×	○	○	○
LINE VOOM	○	○	○	×	×	○	○	○
ウォレット	○	○	×	×	×	○	○	×
LINE BLOG	○	○	○	×	×	○	○	×
LINEポイントクラブ	○	○	○	×	×	○	○	×
LINEショッピング	○	○	×	×	×	○	○	×
LINEチラシ	○	○	×	×	×	○	○	×
LINEマイカード	○	×	×	×	×	○	×	×
ホーム	○	○	○	○	×	○	○	×
LINE Monary	○	○	×	×	×	○	○	×
LINEファミリーアプリ	○	○	×	○	×	○	○	○
LINE広告ネットワーク	○	○	×	○	×	○	○	○

※配信面とフォーマットは変更となる場合があります。

41 本店、支店のLINE公式アカウントをまとめて管理したい。

支店で独自に運用していたLINE公式アカウントで成果が出たので、その運用を全店共通で行うことになりました。担当者がいない店舗にもアカウントを用意して、まとめて管理したいです。

「グループ」を活用しましょう。

同一メッセージの配信が可能

複数のLINE公式アカウントで同じメッセージを配信したい場合、「グループ」機能の活用が便利です。同じグループに登録されているアカウントに対して、共通のメッセージの配信、リッチメニューの設定などが可能です。

アカウントごとに担当者がいなくても、グループ機能を使って運用をしていれば発信する情報を共通化できますし、ユーザーがどのアカウントを友だちに追加しても同様の体験ができるため、企業・店舗のブランディングにつながります。また、グループ機能を使う傍らで独自のメッセージ配信も継続できるので、**全店共通の情報と店舗独自の情報など、内容に応じて使い分けるのもよいでしょう**。

グループで利用できる機能は基本的に単独のアカウントと同じですが、一部機能は利用できません。グループ自体の設定は、グループを管理できるユーザーの追加や削除、グループに登録するアカウントの追加や削除などがあります。なお、グループの設定や操作は、Web版管理画面でのみ可能です。

期待できる効果

- 個別のアカウントに担当者がいなくても、情報発信が可能
- メッセージやクーポンなどを全店舗共通で配信できる
- 店舗独自のメッセージ配信も継続できる

グループの作成方法

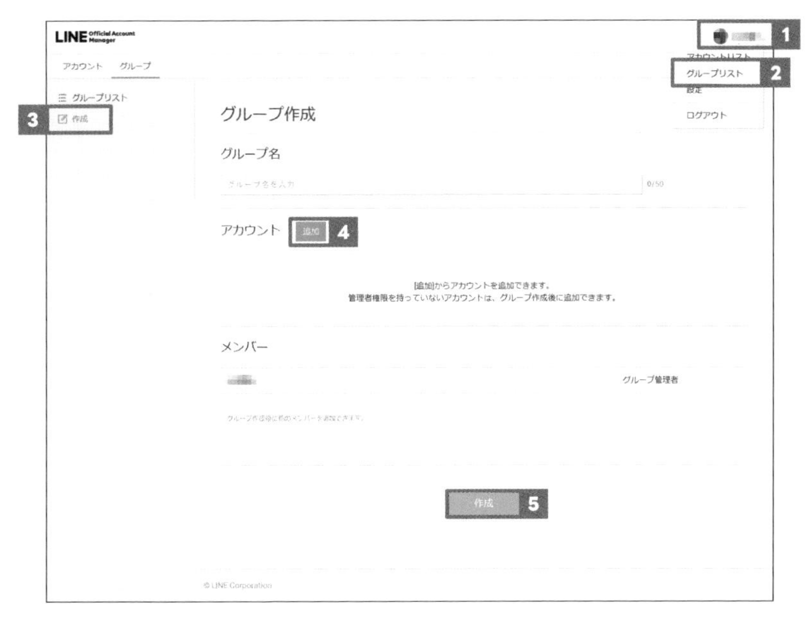

Web版管理画面で**1**［アカウント名］→**2**［グループリスト］を順にクリック。続いて**3**［作成］をクリックすると、グループの作成画面が表示される。**4**［追加］から、管理者権限のあるアカウントをグループに追加したあと**5**［作成］をクリックすると、グループが作成される。［グループリスト］で操作するグループ名をクリックすると、LINE公式アカウントと同様にメッセージ配信などの機能を利用できる。

ワンポイントアドバイス

複数店舗を展開している場合は特に便利

店舗展開している企業やブランドにとって、「グループ」は特に活用メリットが大きい機能です。例えば、企業やブランド全体に関わるキャンペーン情報などはグループ機能で共通配信し、各店舗が入っているビルやモールに関わるキャンペーン情報などは店舗のLINE公式アカウントのみで個別に配信すれば、提供する情報を出し分けることができ、ユーザーにとってより有益なアカウント運用ができます。

Q 42 ECサイト利用者のみに友だち追加してほしい。

店舗とECサイトで販売する商品やその価格が違うため、ECサイト専用のLINE公式アカウントを開設しました。ECサイトの利用者だけ集客したいのですが、よい方法はありますか？

A 「検索とおすすめに表示」をオフにして、告知場所を限定しましょう。

あえて検索結果に表示されないように設定する

ECサイトの利用者や会員専用のアカウントなど、限られた人に向けてLINE公式アカウントを運用したい場合、認証済アカウントの「検索とおすすめに表示」の設定をオフにするのが有効です。未認証アカウントは、基本的にはLINE上の検索結果に表示されないので同様の使い方ができますが、**意図しないユーザーの友だち追加を確実に防ぐなら、認証済アカウントを使用して、設定を変更しましょう。**

クローズドなLINE公式アカウントでは、告知にも工夫が必要です。例えば、ECサイトの利用者の中でも購入者のみをターゲットにしたい場合は、購入完了ページや注文完了メールに、LINE公式アカウントの友だち追加用のQRコードを入れるとよいでしょう。他には、購入完了時に次回の買い物で利用できるクーポンをポップアップ表示すると、友だち追加につながります。商品の発送時に、チラシやカードを同封して告知するのも有効です。

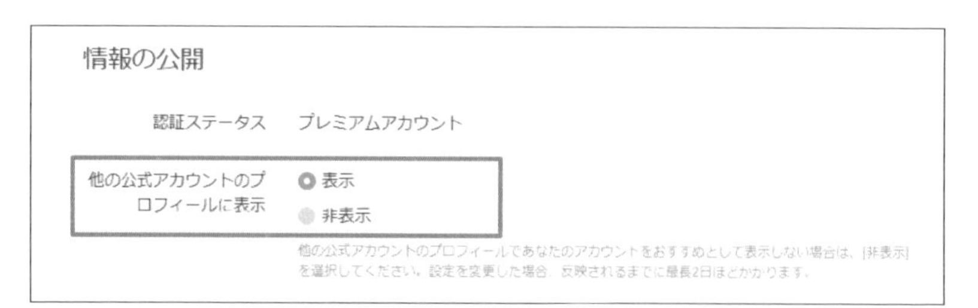

[設定] → [アカウント設定] で [他の公式アカウントのプロフィールに表示] を [非表示] にする。

期待できる効果

- 告知を工夫すれば、限られた人にのみ友だち追加してもらえる
- 会員や利用者に向けたメッセージ配信に活用できる
- 友だちの数が限定されるので、細かい対応が可能

告知場所のアイデア

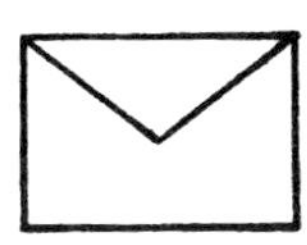

購入完了・配送連絡メール

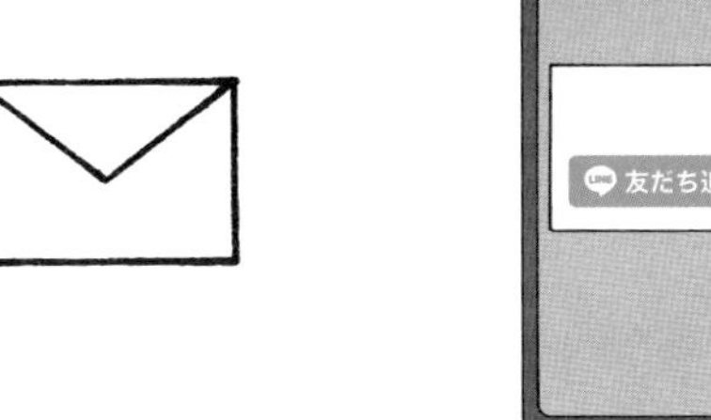

購入完了時にポップアップ画面を表示

商品の発送時にチラシやカードを同封

アカウント運用上の注意点

SNSやホームページに友だち追加用のQRコードを掲示しない

あいさつメッセージでサイトの利用者限定であることを伝える

未認証アカウントは、検索結果に表示される場合がある

関連
Q.07 アカウント名の横についている「バッジ」は何? …… P.038
Q.11 友だち追加してくれたユーザーに、最初にお礼を伝えたい。 …… P.046
Q.17 ユーザーにLINE公式アカウントを開設したことを知らせたい。 …… P.062

Q43 リッチメニューを美しく仕上げたい。

リッチメニューから電話をかけられるようにしたいです。デフォルト画像には電話が含まれているものがないので、オリジナルの画像を作成したいのですが、よい作成方法はありますか？

A 「画像を作成」や「テンプレート」を活用しましょう。

オリジナル画像でリッチメニューを仕上げる

リッチメニューはトーク画面の下部に大きく表示されるため、ユーザーがアクションするきっかけになります。来店やサイト利用を促すには、タップしたくなるような画像やテキストを用意して工夫しましょう。

リッチメニューの背景にはオリジナルの画像を指定できますが、規定に合った画像でないと設定できません。そこで便利なのが、Web版管理画面で利用できる「画像を作成」です。**ボタンごとに背景色やテキストを設定したり、パソコンに保存された画像をアップロードしたりして、オリジナルのリッチメニューを作成可能**です。

使い慣れた画像編集ソフトなどを使って作成したい場合には、Web版管理画面のデザインガイドからダウンロードできる「テンプレート」も便利です。画像がスマホでの実寸と同じサイズで表示されるので、テンプレートに合わせて画像を作成すると美しく仕上がります。

なお、リッチメニューから電話をかけられるようにするには、アクションに「リンク」を選択し、「tel:電話番号」の形式で入力してください。

期待できる効果

- **デフォルト画像にない要素をリッチメニューの背景画像に入れられる**
- **自社のロゴなど、自前の画像を活用できる**
- **作成する手間が少ないので、気軽にリッチメニューを更新できる**

リッチメニューの背景画像の作成方法

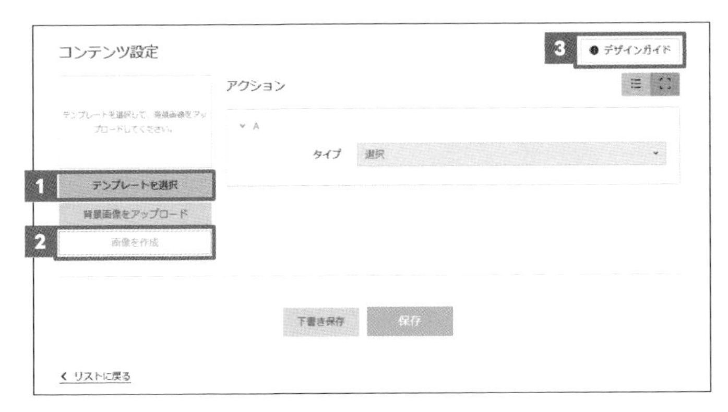

Web版管理画面で［トークルーム管理］→［リッチメニュー］→［作成］を順にクリックして［表示設定］の各項目を入力しておく。続いて**1**［テンプレートを選択］で設定したいリッチメニューに合ったテンプレートを選択したあと**2**［画像を作成］をクリックすると、背景画像の作成画面が表示される。背景画像作成用のテンプレートは**3**［デザインガイド］→［テンプレートをダウンロード］を順にクリックするとダウンロードできる。

ワンポイントアドバイス

リッチメニューのテンプレート画像をダウンロードしよう

LINEキャンパスに、リッチメニューのテンプレートを用意しています。お問い合わせや予約、クーポン、アクセスなど、リッチメニューに追加したい項目がデザインされているので、業種や目的にあわせてダウンロードしてください。

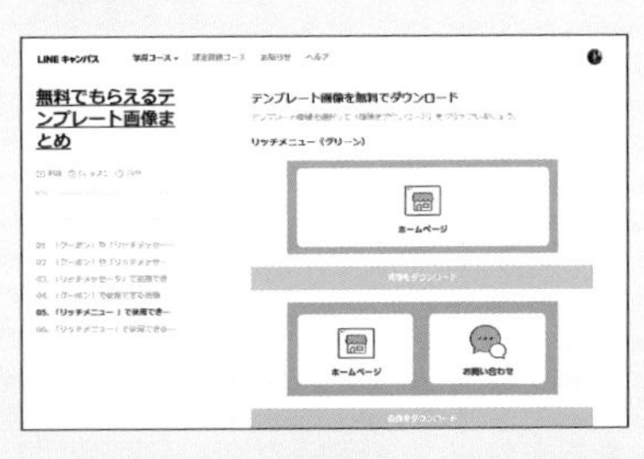

▷ **LINE キャンパス -「リッチメニュー」で使用できる画像**
https://campus.line.biz/line-official-account/courses/template/lessons/6-1-4

関連

Q.15　トーク画面内にWebサイトへの誘導ボタンを設置したい。……… P.056

Q 44 客足が落ちる曜日や時間帯の来客を増やしたい。

土日や夕方はおかげさまで混み合うのですが、平日の午前中、雨の日などは、客足が落ちます。客足が少ない日や時間帯を狙って来客を伸ばす施策のアイデアはありますか？

A 特定の曜日や時間帯に使える「クーポン」を用意しましょう。

クーポンの設定条件とオペレーションが重要

店舗では平日の午前中や雨の日など、どうしても客足が鈍る時間帯や天気があります。そのようなときにユーザーの来店を増やすには、特定の時間帯や天気の悪い日などに利用できるように、条件を指定したクーポンを配信するのがオススメです。

有効期間を1カ月などに限定して、前月の下旬、あるいは月の初めに配布すると、ユーザーに「その時間帯に行ってみよう」と意識してもらえます。さらに、クーポンの使用可能回数を上限なしに設定すれば、「その時間帯に来店する」ことを習慣づけられるかもしれません。

クーポンでは、その内容や利用期間などをユーザーに分かりやすく示しましょう。また、利用ガイドには「会計時にクーポンを提示してください」といったように、使用方法を必ず入力してください。

クーポンの運用は、提供側のオペレーションの統一も重要です。利用可能な条件を周知して、クーポンの確認作業や利用処理にミスが起こらないよう、オペレーションを徹底しましょう。**店舗やサイトの運営に携わるスタッフの対応環境が整うことで、クーポンはその効果を発揮します。**

期待できる効果

- **午前中の来客が増え、ピーク時の混雑が緩和される**
- **客足が落ちる雨の日の利用ユーザーが増える**
- **オフピーク時の来客が見込め、売上が平準化される**

クーポン設定のポイント

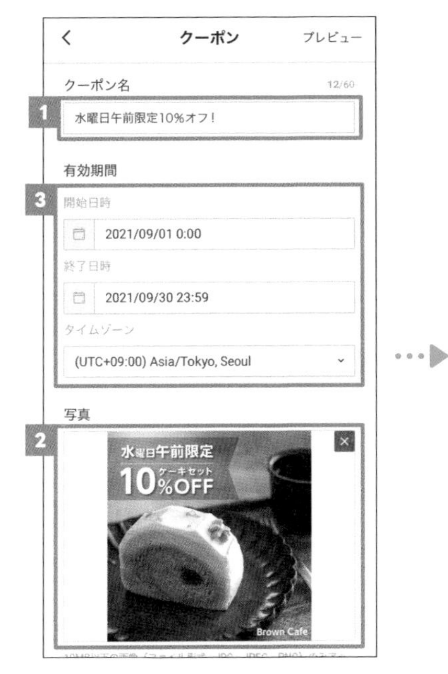

P.052を参考に、クーポンの作成画面を表示する。1［クーポン名］に利用できるタイミングを含めておくと分かりやすい。クーポンの内容と条件を簡単に記載した画像を作成し、2［写真］をタップしてアップロードする。

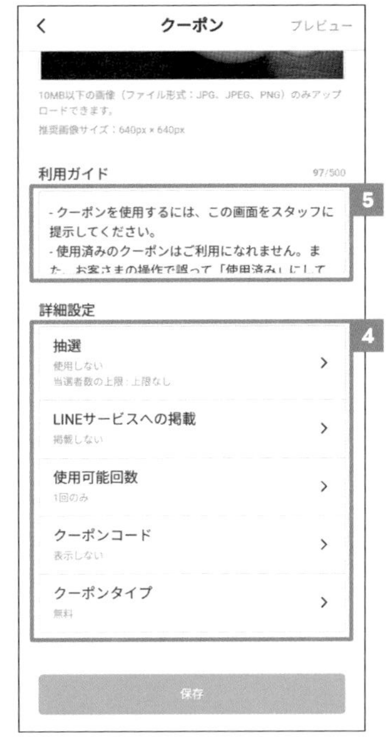

利用方法や3［有効期間］4［詳細設定］で指定できない利用条件の詳細は、5［利用ガイド］に必ず記載する。

ワンポイントアドバイス

LINEサービスにクーポンを掲載する場合

認証済アカウントで、クーポンを「LINEサービスに掲載する」に設定した場合、次の箇所に掲載されます。

- LINE公式アカウント一覧ページ
  (LINEアプリのホーム → サービス → 公式アカウント)
- LINEクーポン：https://coupon.line.me/
- LINE公式アカウントプロフィールページ
- LINEで予約（LINEから予約ができる機能）

Q 45 クーポンを他のSNSでもシェアしたい。

LINE公式アカウントを始めたばかりで、友だちの数が他のSNSのフォロワーより少ないです。クーポンを友だち追加のきっかけにしたいのですが、SNSでシェアできますか？

A URLを使ってシェアできます。いろいろな場所で告知しましょう。

確度の高いユーザーにクーポンをシェア

LINE公式アカウントのクーポンは、URLを使って他のSNSなどでシェアできます。LINEを利用しているユーザーであれば、URLをタップするだけでクーポンを確認・表示可能です。

クーポン作成後には、シェア用のURLが表示されます。作成済みのクーポンのURLを後からコピーすることも可能です。

自社で活用している他のSNSやブログのフォロワーに対して、クーポン利用の機会を広げましょう。**来店やサービスの利用につながるだけでなく、LINE公式アカウントの友だち追加にも効果的です。**

シェアされたURLをタップすると、クーポンを表示できる。

期待できる効果

- ワンタップでクーポンを表示してもらえる
- クーポンの利用回数の増加が見込める
- クーポンの投稿で、LINE公式アカウントの友だちを増やせる

作成済みクーポンのシェア方法

［ホーム］→［クーポン］をタップして、クーポンの一覧を表示する。続いて［編集］をタップして、シェアしたいクーポンの**1**を選択→**2**［シェア］をタップ。**3**［クーポンをシェア］の**4**［コピー］をタップすると、シェア用のURLをコピーできる。**5**［クーポンの効果を詳細に測定する］をタップすると、効果測定用にパラメーターを付与したURLを作成できる。

ワンポイントアドバイス

パラメーター付きURLで流入経路が分かる

パラメーターを付与したURLを、シェアする場所ごとに作成して指定すると、どのサイトやSNSから最もクーポンが表示されたかをQ.46の「分析」から確認できます。ただし、測定可能なのはクーポンの表示のみで、利用数ではないことに注意しましょう。

パラメーター付きURLを作成できる。

Q 46 効果が出やすいクーポンを配布したい。

飲食店を経営していますが、少人数で来店するお客さまが多いです。クーポンを活用して、1組あたりの来店人数を増やすことはできますか？

A グループ向けクーポンを配信して、「分析」で効果を確認しましょう。

ニーズに合った効果の高いクーポンを配布する

店舗型ビジネスの中でも、特に飲食店は、1組あたりの来店人数が多いほうが売上アップが見込めます。より多くの人数で来店してもらうには、5人未満の場合は5％オフクーポン、5人以上の場合は10％オフクーポンなど、グループを優遇するような割引設定でクーポンを作成し、ユーザーの来店を促しましょう。クーポンの利用ガイドに来店人数に応じた割引額を明示して、ユーザーに案内してください。

その他、早期予約クーポンや記念日予約クーポン、貸切予約クーポンなど、店舗の運営方針やユーザーのニーズに合わせてクーポンを設定すると、クーポンの利用率や開封率が変わってきます。

配布したクーポンの効果は、「分析」機能を使って確認しましょう。クーポンの内容と分析数値を照らし合わせて検証することで、ユーザーのニーズが分かり、クーポン作成の新たなアイデアが生まれやすくなります。

期待できる効果

- **グループ向けクーポンで来店人数が増え、売上増加が見込める**
- **さまざまなクーポンをきっかけに、新規ユーザーが増える**
- **「分析」機能を通じて、新しいクーポンのアイデアを考えられる**

クーポンの配信結果の確認方法

1［分析］→2［クーポン］を順にタップ。

効果を確認したい3［クーポン］をタップ。

クーポンの分析数値が表示された。

ワンポイントアドバイス

「抽選」の設定でクーポンに特別感を出す

クーポンの詳細設定には「抽選」の設定項目があります。全員にクーポンを配信するのではなく、取得者数を絞ることで特別感を付与することができ、利用数のアップが見込めます。当選確率は1～99%の範囲内で設定できるほか、当選者の上限人数も設定できます。抽選の設定はデフォルトでは「使用しない」となっています。

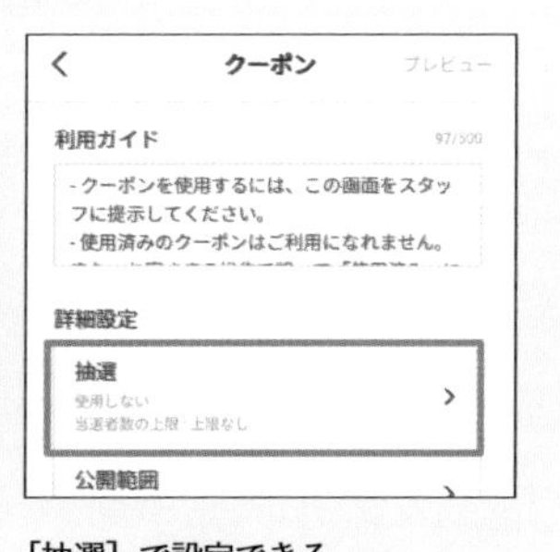

［抽選］で設定できる。

関連

Q.13 友だちにメッセージと一緒にクーポンを配布したい。……P.051
Q.64 分析画面にはいろいろな数値があるが、何をどう見ればよい？……P.172

A’z hair

LINE公式アカウントを友だち追加

美容・サロン

大阪府で2店舗を展開。ヘアメニューに加え、まつ毛パーマや着付けも行うトータルビューティーサロン

目的	営業時間などに関するユーザーへの連絡手段として活用したい
友だちの集め方	来店したユーザーへの声がけ
活用機能	メッセージ配信、LINEチャット、リッチメニュー
運用人数	1名

LINE公式アカウントの運用・設定方法

▷ LINEチャット

01 ヘアスタイルの相談が中心。来店前に事前にヒアリングを行いアドバイスなどを行っている

02 新型コロナウイルスの影響による営業時間変更や感染状況などに関する緊急連絡目的でも活用

03 「LINEチャット」の対応時間は店舗の営業時間に合わせ、営業時間外の連絡は翌日に対応

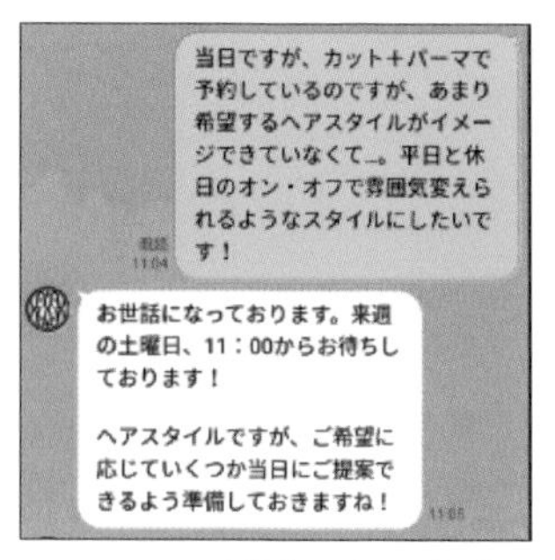

※画像はイメージです。

▷ リッチメニュー

01 6分割のテンプレートで予約やホームページ、ECサイトなどへ誘導

02 ECサイトはアクセスにパスワードが求められる会員制として運用。パスワードは「自動応答メッセージ」で表示される仕組みで「パスワードを知りたい方は、LINE公式アカウントを追加」と案内して友だち追加を促進

03 予約ページへの導線設置で、1日に30〜40回ほどかかってきていた電話が今では5〜6回にまで減少

活用ノウハウ③
リピート促進編

LINEの法人向けサービスを活用して、
ユーザーに自社のサービスをリピートしてもらうための
ノウハウを解説しています。

動画でサービスを紹介したい。動画は配信できる？

スポーツジムのインストラクターをしています。外出が難しい時期に、自宅でできるフィットネス動画をLINE公式アカウントで配信したいのですが、よい方法はありますか？

A 「リッチビデオメッセージ」で配信できます。

動画で見せたいコンテンツ全般に有効

「リッチビデオメッセージ」は、自動再生される動画を配信できる機能です。動きや変化、手順などを見せたい場合は静止画よりも適しています。また、**ユーザーがトーク画面をスクロールする中で自動再生される**ので、自然と目を引くほか、動画と一緒に送ったテキストも読んでもらえる可能性が高まります。

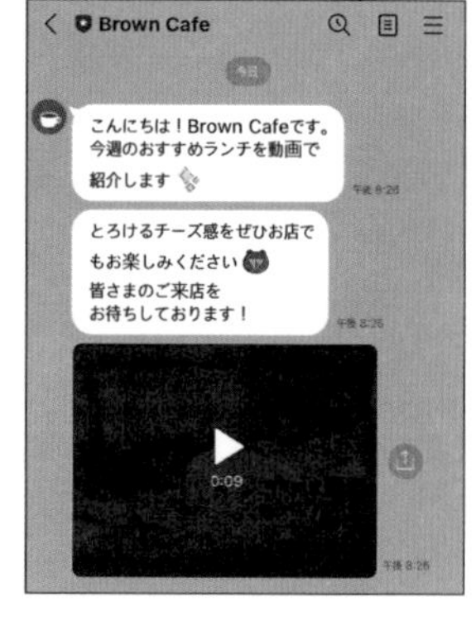

動画をメッセージ配信できる。

動画のサイズは、横長・正方形・縦長のどれでも設定可能です。縦型動画の場合は、トーク画面を専有して表示されるので、インパクトがあります。

さらに、視聴完了後に「アクションボタン」を表示させることもできます。WebサイトやECサイトのURLを指定すれば、予約やお問い合わせ、購入、インストールなどのアクションにつなげられます。ただし、動画は長すぎると最後まで見られません。要点をコンパクトにまとめ、分かりやすく表現しましょう。

期待できる効果

- **自動で再生されるので、目に入りやすい**
- **テキストだけでは表現しにくい内容を分かりやすく説明できる**
- **アクションボタンから外部サイトに誘導できる**

［リッチビデオメッセージの利用例］

- 「宅トレ」やエクササイズの解説
- 料理の作り方・レシピ
- 組み立て家具の作り方
- 製品デモ
- ヘアメイクの方法
- 施設案内

リッチビデオメッセージの作成方法

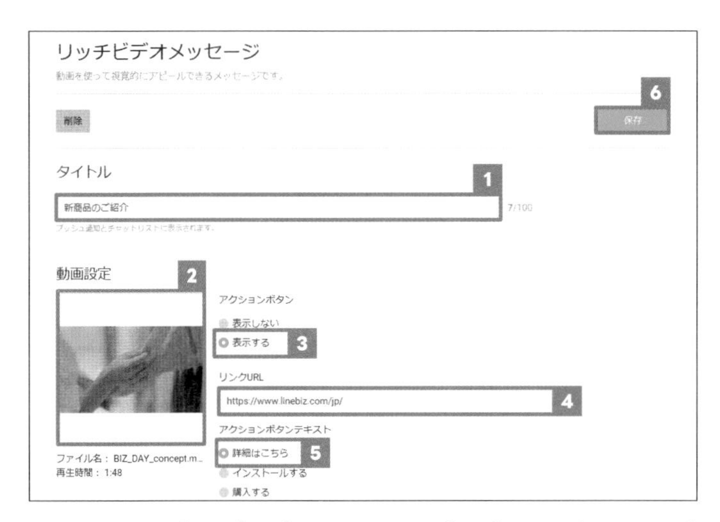

Web版管理画面で［ホーム］→［メッセージアイテム］→［リッチビデオメッセージ］→［作成］を順にクリック。続いて**1**［タイトル］を入力。**2**［ここをクリックして、動画をアップロードしてください。］をクリックして表示される画面から、配信したい動画をアップロードする。［アクションボタン］の**3**［表示する］をクリックすると、**4**［リンクURL］と**5**［アクションボタンテキスト］を指定できる。作成が完了したら**6**［保存］をクリック。完成したリッチビデオメッセージは、メッセージの作成画面から配信設定ができる。

ワンポイントアドバイス

動画サイトと併用してファンを増やそう

スマートフォンや5G回線が一定の普及を見せた今、ユーザーはますます動画コンテンツに親しんでいます。動画サイト内で作った自社チャンネルに動画をアップロードし、その短縮版をリッチビデオメッセージで配信した上で動画サイトに遷移させれば、チャンネル登録者数のアップも見込めます。

48 複数の商品をまとめて、ユーザーの印象に残るように紹介したい。

同じシリーズでカラーバリエーション違いの商品をまとめてユーザーに紹介したいと考えています。画像を単体で送るより、もっとインパクトのある方法はありますか？

A 「カードタイプメッセージ」を活用しましょう。

複数の画像を横にスライドして閲覧できる

複数の画像を並べて表示し、横にスライドしながらユーザーに見てもらえるのが「カードタイプメッセージ」です。一度のメッセージで最大9枚までカードを配信できるので、カラーやサイズなどのバリエーションが異なる商品を訴求するときに有効です。

カードタイプメッセージには4種類の「カードタイプ」があります。形式に合わせて画像やテキストを設定すれば、デザイン性に優れた視認性の高いメッセージを簡単に作成し、配信できます。

また、配信するカードタイプメッセージには、各種リンクを設定できます。**WebサイトやECサイトのURLを指定すれば、予約や購入などのアクションにつなげられます**。さらに、最後に表示される「もっと見る」カードを設定すると、商品詳細ページなどの外部URL、クーポン、ショップカードなどに誘導しやすくなります。

「カードタイプメッセージ」は、1枚目と2枚目のカードのクリック率が高い。

期待できる効果

- 1つのメッセージでさまざまな商品を紹介できる
- 商品の使い方やストーリーを順を追って紹介できる
- アクションで、紹介した商品の購入ページにそのまま誘導できる

［カードタイプとオススメの配信内容］

カードタイプ	オススメの配信内容
プロダクト	商品、オススメのメニューの紹介、旅行先の提案など
ロケーション	不動産、支店の案内など
パーソン	ピックアップスタッフ、スタッフの紹介など
イメージ	ヘアスタイル、ネイルのイメージなど

カードタイプメッセージの作成方法

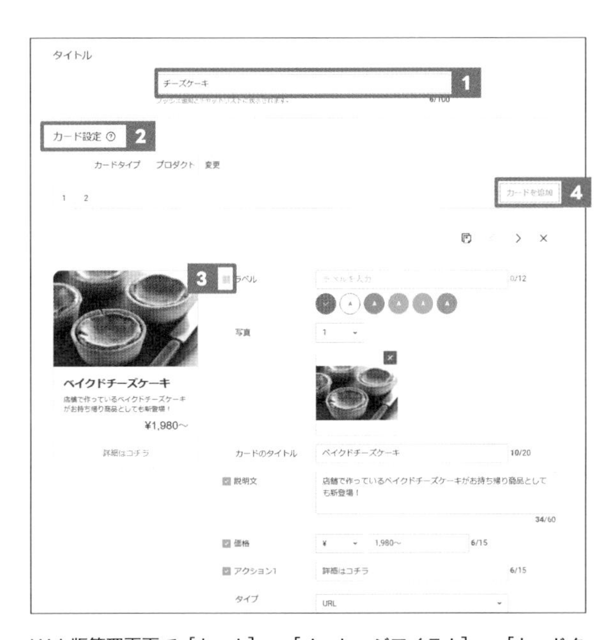

Web版管理画面で［ホーム］→［メッセージアイテム］→［カードタイプメッセージ］→［作成］を順にクリック。続いて**1**［タイトル］を入力し、**2**［カード設定］の［選択］をクリックして「カードタイプ」を選択すると、カードの内容の設定画面が表示される。使用しない項目があれば**3**チェックを外す。**4**［カードを追加］をクリックすると、一度に配信したい他のカードの設定ができる。作成が完了したら［保存］をクリック。完成したカードタイプメッセージは、メッセージの作成画面から配信設定ができる。

Q 49 店舗のスタッフを紹介して、指名を増やしたい。

スタッフによる接客に力を入れています。LINE公式アカウントでスタッフを紹介して指名につなげたり、店舗で話しかけてもらいやすくしたいのですが、よい方法はありますか？

A 「カードタイプメッセージ」の「パーソン」を活用しましょう。

人物紹介用のテンプレートとプロフィールを活用

店舗において、スタッフ紹介は重要なコンテンツです。**どのような人がどのような思いで働いているのかをユーザーに知ってもらうことで、親近感を持ってもらい、サービス利用を促せます**。

Q.48（P.140）で解説した「カードタイプメッセージ」には、「パーソン」というカードタイプがあり、スタッフなど、人物を紹介するのに適しています。名前やプロフィール画像のほか、タグ設定や紹介文を登録できます。カードタイプメッセージのアクションに「予約する」ボタンを付ければ、タップするだけでその人を指名してサービス利用につなげられます。

また、Q.10（P.044）で解説したプロフィールのパーツ「自由記述」でスタッフ紹介欄を作成するなどの方法も考えられます。複数人の名前やプロフィール画像、タグ設定、紹介文の登録が可能です。

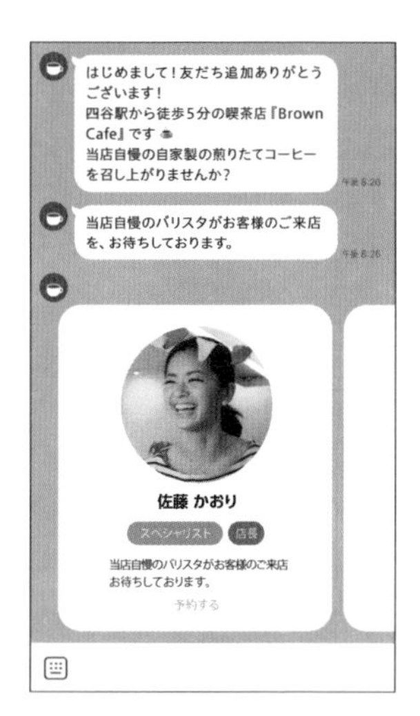

「カードタイプメッセージ」を使ってスタッフの情報をメッセージ配信する。

期待できる効果

- スタッフ紹介がきっかけで指名予約が入る
- スタッフの思いや人柄を伝えることができる
- ユーザーから話しかけてもらえるきっかけになる

カードタイプメッセージの追加方法

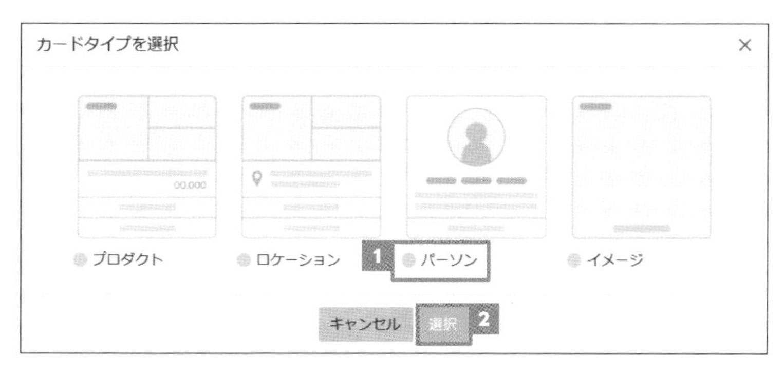

P.141を参考に、Web版管理画面で［ホーム］→［メッセージアイテム］→［カードタイプメッセージ］→［作成］を順にクリック。［カード設定］をクリックすると表示される画面で 1 ［パーソン］→ 2 ［選択］を順にクリックしてカードの内容を入力する。

ワンポイントアドバイス

LINE STAFF STARTとは

LINEの法人向けサービスの1つである「LINE STAFF START」は、店舗スタッフが一人ひとり専用のLINE公式アカウントを持ち、メッセージ配信やチャット、LINEコールを活用してユーザーとコミュニケーションを取ることでオンライン接客を実現するサービスです。スタッフのLINE公式アカウント経由で商品購入が発生すると、スタッフ個人の売上として計測・確認ができます。

Q 50 LINE公式アカウントを緊急連絡用に使うことはできる？

美容室を運営しています。営業時間の短縮やスタッフ都合による急なお休み、店舗の緊急工事など、お客さまに急ぎ連絡をするためにLINE公式アカウントを使いたいです。

A 「メッセージ配信」と「LINEチャット」で連絡しましょう。

ユーザーに説明して、利用用途を理解してもらう

店舗を運営していると、臨時休業や営業時間の短縮などを行う場合があります。これまでは、入り口に張り紙をしたり、個別に電話連絡したりしていた対応も、LINE公式アカウントを使うとより効率的に行えるようになります。

LINE公式アカウントを「緊急連絡網」のように使う場合、ユーザーにしっかりとメッセージ配信を見てもらえるように、友だち追加後に通知をオフにしないようお願いする必要があります。その際、テキストだけでやりとりするのでなく、ユーザーに対してアカウントの運用方針や、今後配信するメッセージの内容について店舗で直接説明するなどして、理解を得た上で友だち追加してもらいましょう。

なお、**スタッフの急病などで予約の変更や延期をお願いする場合は、メッセージ配信に加えて、LINEチャットで個別に連絡できるとより親切です**。ただし、LINEチャットはユーザーから前もって話しかけてもらう必要があります（Q.26／P.090）。

期待できる効果

- 全員にはメッセージ配信で、個別にはチャットで緊急連絡ができる
- ユーザーの都合のよいタイミングで内容を確認してもらえる
- 電話での連絡回数を減らして、業務を効率化できる

緊急連絡時の運用方法

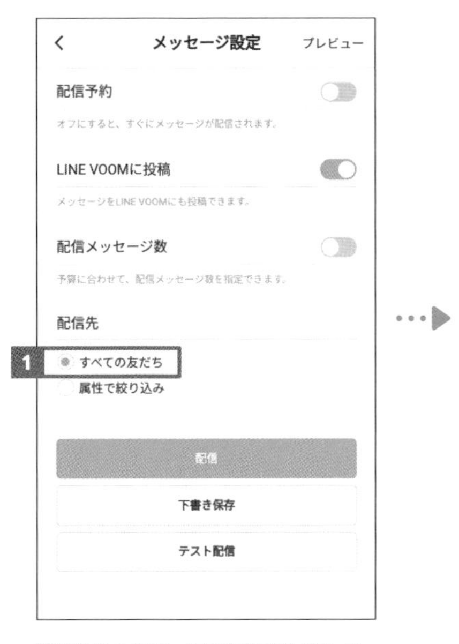

営業時間の短縮・変更や臨時休業など、緊急時のメッセージ配信は**1**［すべての友だち］をタップしてユーザー全員に案内する。

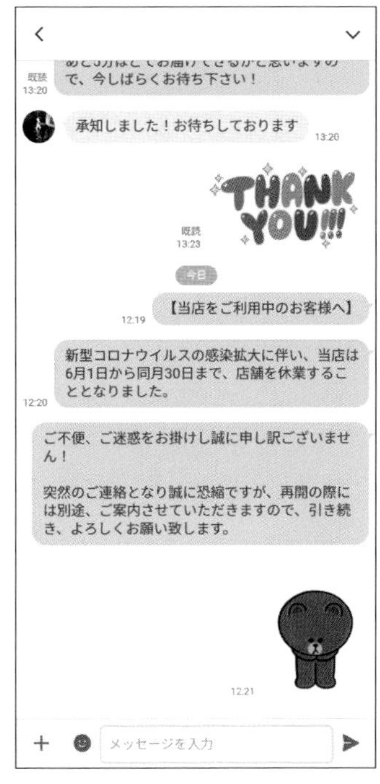

すでに予約をしているユーザーに対しては、LINEチャットで個別に連絡する。LINEチャットでのやりとりをしたことがないユーザーには、電話やメールなど、別の方法で連絡する必要がある。

ワンポイントアドバイス

緊急連絡用アカウントの方針変更について

「緊急連絡網」としてLINE公式アカウントを利用する場合、必要以上に広告的なメッセージを配信すると当初の目的から外れてしまいます。緊急の連絡以外のメッセージ配信が増える場合は、前もって店舗でお声がけするなどして、アカウントの運用方針の変更について理解を促しましょう。

51 チラシの配布量を縮小しつつ、何らかの形で継続したい。

チラシの効果が薄れてきたので、縮小を検討しています。しかし、チラシがきっかけで来店される方も一定数いるので、何らかの形で継続したいです。

A チラシへの導線をLINE公式アカウントに作りましょう。

リッチメニューからチラシデータへアクセス

小売店で利用される「チラシ」は、お得な情報が一覧になっている定番の集客施策の1つです。しかし、印刷や配布に一定のコストがかかるほか、「チラシを見て来店・購入した」という効果を正確に計測することはできません。そこで、**チラシの画像データをWebで公開して、LINE公式アカウントに導線を設置しましょう**。

リッチメニューから最新のチラシをいつでも表示できる。

オススメの方法は、リッチメニューからの誘導です。アップ先のURLを変更しなければ、チラシを都度最新のものに差し替えても、リッチメニューを更新する必要はありません。ユーザーはリッチメニューをタップするだけで、いつでも最新のチラシ情報をチェックできます。

あわせて、チラシのチェック方法をメッセージ配信でお知らせすれば、多くの友だちにアクセスしてもらえます。

期待できる効果

- **最新のチラシをすばやくチェックしてもらえる**
- **チラシの制作や配布のコストがかからない**
- **リッチメニューを更新しなくても最新情報を提供できる**

チラシを表示するリッチメニューの設定方法

Q.15やQ.43を参考に、チラシが表示できることが分かる画像を作成して1［背景画像をアップロード］をタップ。画像が設定できたら［次へ］をタップ。

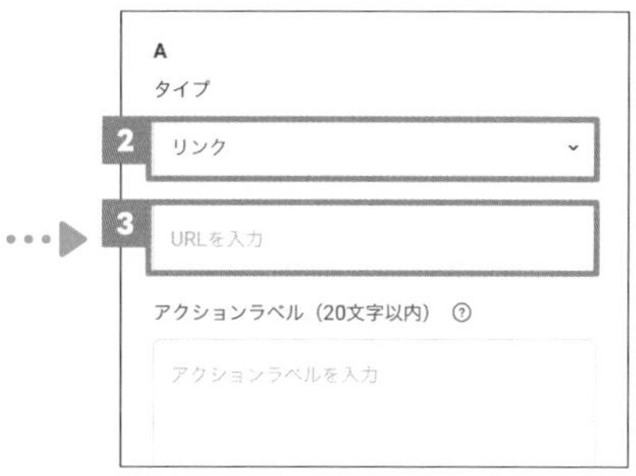

タイプで2［リンク］を選択して3［URLを入力］にチラシをアップロードしているWebサイトのURLを入力。更新したチラシを同じURLにアップロードすれば、リッチメニューを更新する必要はない。

ワンポイントアドバイス

「LINEチラシ」でユーザーの買い物をもっと便利に

LINEでは、自社の商品を特売情報などを掲載する「LINEチラシ」というサービスを提供しています。登録店舗数ごとにかかる基本料金と、ユーザーの月間閲覧数をもとに決まる掲載料金（従量料金制）を支払えば、商圏にいるユーザーにLINE上でチラシ情報を届けることができます。

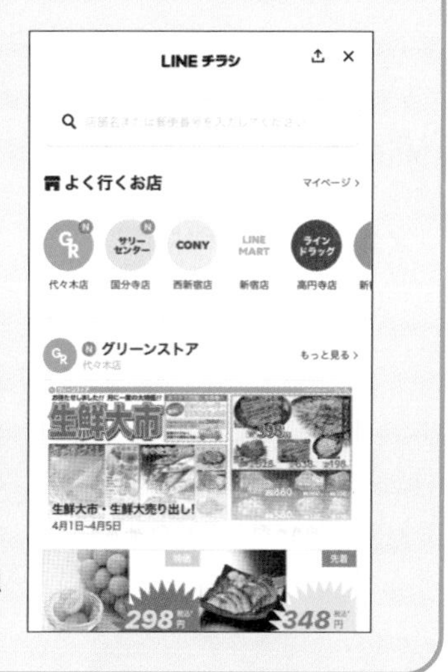

チラシは、LINEウォレットから閲覧・確認できる。

関連

Q.15　トーク画面内にWebサイトへの誘導ボタンを設置したい。……P.056
Q.43　リッチメニューを美しく仕上げたい。……P.128

52 リピーター作りを効果的に行う方法を知りたい。

再来店や購入促進のために、店舗で紙のスタンプカードを用意していますが、紛失してしまう人や忘れてしまう人がいます。紙のスタンプカードに代わるよい方法はありますか？

A 「ショップカード」を活用しましょう。

ユーザー・店舗双方にとって管理の手間がかからない

店舗では、紙のスタンプカードを使って、ポイントがたまると割引などの特典を用意する取り組みがよく行われます。LINE公式アカウントの「ショップカード」は、これをLINE上で提供できる機能です。

LINEからアクセスできるショップカードは**忘れたり紛失したりする心配がなく、ユーザーの財布の中に紙のカードがたまってしまうといった不便も感じさせません**。そのため、リピーター育成はもちろん、来店前のユーザーにショップカードを取得してもらえば、新規顧客の獲得にも効果を発揮するでしょう。

「ショップカード」を配布できる。

ショップカードのデザインやポイント数、有効期限、特典などは自由に設定できます。QRコードを読み取ってもらうだけでポイントを付与できるので、店舗側もユーザー側も簡単に利用できるのも大きなメリットです。ユーザーごとに付与したポイント履歴を確認できる分析機能もあるので、ぜひリピーター作りに活用してください。

期待できる効果

- **LINE上で管理できるので、手軽に使ってもらえる**
- **QRコードで簡単にポイントを付与できるので、店舗側も便利**
- **どのくらいポイントカードが利用されたかの履歴を確認できる**

ショップカードの操作方法

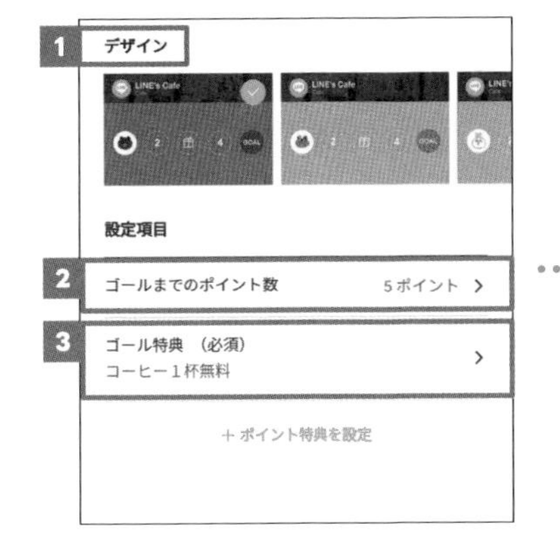

[ホーム] → [ショップカード] を順にタップ。続いて [ショップカードを作成] をタップすると、[ショップカード設定] が表示される。**1** [デザイン] や**2** [ゴールまでのポイント数]、**3** [ゴール特典] などの設定が可能。作成が完了したら [保存してカードを公開] をタップすると、ショップカードが公開される。

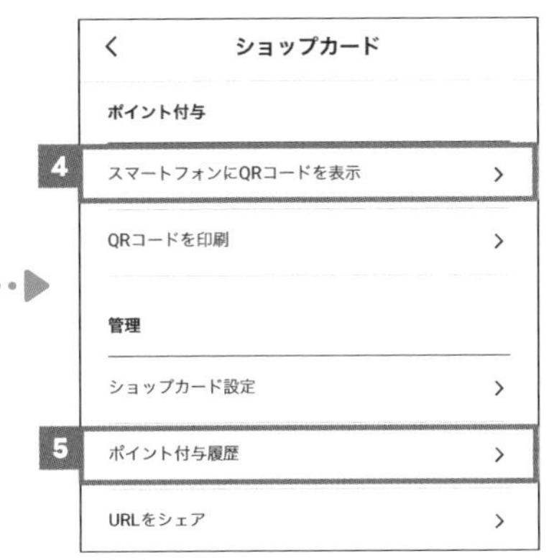

ショップカードの作成が完了した後、[ホーム] → [ショップカード] を順にタップすると表示される画面から [ポイント付与] ができる。**4** [スマートフォンにQRコードを表示] をタップすると、ユーザーが読み取ることでポイントが付与されるQRコードや、オンラインでポイントを付与できるURLの作成が可能。**5** [ポイント付与履歴] も確認できる。

ワンポイントアドバイス

「ゲーム性」を持たせたショップカード活用

ポイント数を多め（上限は50ポイント）に設定した上で、5ポイントごとなど、獲得したポイントに応じてもらえる景品を段階的に設定しましょう。ゲーム感覚でポイントをためてもらうことで、ユーザーのサービス利用意欲がアップし、リピーター化を促せます。

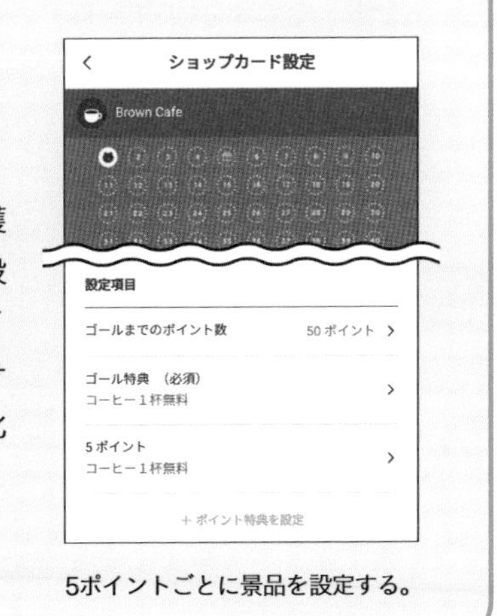

5ポイントごとに景品を設定する。

Q53 リピート強化にさらに有効なサービスを知りたい。

店舗でリピートをさらに強化していく方針になりました。リピーターを増やすために、ショップカード以外に便利な機能や役立つサービスなどがあれば教えてください。

A 「会員証・予約」機能を持つLINEミニアプリを使いましょう。

リピートビジネスに強い会員証と予約機能

LINEミニアプリの「会員証」では、LINE上でデジタル会員証を表示できます。QRコードを読み取り、数タップで会員証を提示することが可能なので、ユーザーに別途アプリをダウンロードしてもらう必要はありません。

また「予約」は、美容サロンや飲食店などの予約が簡単に行えます。ライトユーザーの獲得はもちろん、その後のリピートへのつなげやすさなどもメリットです。

さらに、LINEミニアプリの利用時に自社のLINE公式アカウントをスムーズに友だち追加する仕組みを整えれば、**LINEミニアプリの利用とともに友だち数のアップが見込めます**。その後、LINE公式アカウントを友だち追加したユーザーにクーポンやキャンペーン情報を配信すると、中長期にわたる関係を築くことも可能です。

他のLINEミニアプリと同様に、個別開発もしくは開発パートナーが販売するLINEミニアプリのパッケージを導入する、2通りの導入方法があります。

期待できる効果

- **専用アプリなしで、デジタル会員証を利用してもらえる**
- **会員証があることで、リピーター化を促しやすい**
- **手軽に予約できるのでユーザーの定着が見込める**

デジタル会員証のメリット

デジタル会員証（会員証アプリ）とは、スマートフォンアプリに会員証機能を持たせて、ユーザー情報や来店ポイントを管理するサービスです。一般的にデジタル会員証では次のような機能が利用できます。従来の紙の会員証ではできなかった顧客のデータ管理が可能になり、効果的な販促やリピート促進ができます。また、ユーザー側での保管や持参の手間もなくなります。

- 来店履歴・購入履歴の管理
- 会員へのメールやメッセージ送信
- キャンペーンによるポイント付与
- クーポンの配信
- POSシステムとの連携　など

LINEミニアプリのデジタル会員証であれば、専用アプリのダウンロードやユーザー登録なしで利用できるので、利用のハードルを下げることができます。専用アプリの開発や導入よりも、コストを抑えて導入できるのもメリットです。

なお、LINE公式アカウントの機能「ショップカード」でも、ポイントや特典の付与・管理などを行うために会員証を無料で作成できますが、機能は限定されます。導入の目的がポイントの付与・管理のみの場合はショップカードでも問題ありませんが、より高度な機能を実装したい場合は、LINEミニアプリを検討しましょう。

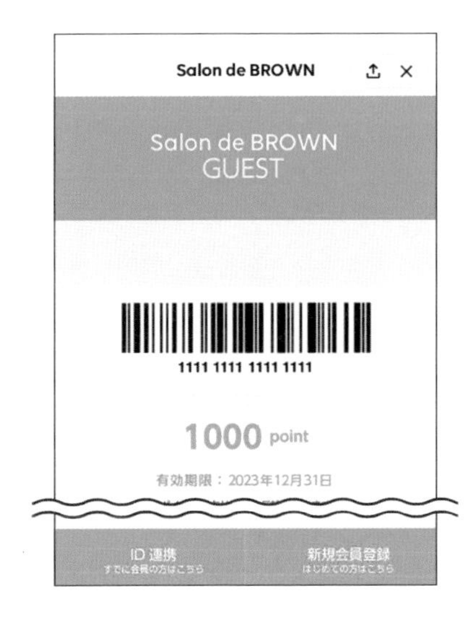

デジタル会員証を作り、リピートにつなげる。

Q 54 LINEミニアプリ経由の友だちをお店のファンにしたい。

LINEミニアプリ経由で友だち追加してくれた方に、一度きりでなく、またサービスを利用してもらいたいです。何かよい方法はありますか？

A LINE公式アカウントでアフターフォローしましょう。

LINEミニアプリとLINE公式アカウントを併用

LINE上で、さまざまな便利機能を提供できるLINEミニアプリは、ユーザーの利用時に自社のLINE公式アカウントをスムーズに友だち追加してもらえるように設定できます（友だち追加はユーザーの許諾が必須）。この仕組みを使えば、飲食店でスマホを使ってメニューを注文したユーザーや、美容室でデジタル会員証を発行したユーザーと友だちになり、その後も継続してコミュニケーションが取れます。

このとき、**一斉に同じ内容をメッセージ配信するのではなく、例えばチャットから「初回利用」とタグ（Q.55／P.154）付けしたユーザーにだけお礼メッセージを送ることで、よりきめ細やかに対応できます**。また、導入したLINEミニアプリがPOS連携している場合は、既存のPOS側に蓄積されている商品・メニューや購買内容、支払い金額などのデータとLINEのIDを紐付けることで、「直近半年以内に1万円以上を支払った」ユーザーにだけクーポン付きメッセージを送るなど、さらなるOne to Oneコミュニケーションを実現できるでしょう。

LINEミニアプリの利用ユーザーと、LINE公式アカウントを通じて関係性を強化することで、お店のファン増加が見込めます。

期待できる効果

- スムーズに友だち追加を促せる
- 友だちにメッセージ配信して関係性を強化できる
- タグやデータをもとにOne to Oneコミュニケーションも可能

ファン化を促すメッセージ配信例

[POS連携なしのLINEミニアプリの場合]

飲食店の場合（平日に利用できるランチクーポンを配信）

友だち追加しているユーザーに喜ばれるクーポンを配信して、「お得な情報を配信するLINE公式アカウント」と印象付けられます。

理美容・サロンの場合（2回目来店のお客さまに割引クーポンを配信）

滞在時間が長い理美容・サロンでは、友だち追加と同時にLINEチャットでフルネームを送ってもらえるように声がけします。「初来店」とタグ付けすれば、該当ユーザーのみに2回目の来店を促すクーポンを配信でき、顧客流失を防ぐ手段になります。

小売・ECの場合（おすすめ商品に関するメッセージ配信）

クーポンはもちろん、商品のバリエーションが多い小売・ECでは、その時々のおすすめ商品をカードタイプメッセージ（Q.48／P.140）で配信すれば、ユーザーに店舗やECサイトについてより深く知ってもらえます。

[POS連携ありのLINEミニアプリの場合]

POSレジに蓄積されるユーザーの各種情報から、以下のようなメッセージの出し分けが可能になります。

- 直近半年間に3回以上来店し、合計1万円以上を支払ったユーザーにおすすめメニューの10%オフクーポンを配信して、再来店を促せます。
- これまでの利用金額が1万円を超えているが、直近1年間のECサイトでの利用歴がないユーザーに10%オフクーポンを配布し、休眠状態からの再利用を狙えます。

Q 55 ユーザーの情報を管理して、スタッフ間で共有したい。

LINEチャットでたくさんのユーザーからチャットが送られてきます。さらに適切な対応ができるように、ユーザーの情報を従業員で共有して管理したいです。

A チャットの「タグ」や「ノート」を活用して、共有しましょう。

ユーザープロフィールに情報を追加できる

LINEチャットでは、「タグ」や「ノート」を使うと、やりとりした情報を管理しやすくなります。タグを使うと、タグが付けられたユーザーを一覧からまとめて確認したり、タグ付けしたユーザーを対象にメッセージを配信したりできます。担当者名や初来店年月、性別など、タグは自由に作成可能です。1人のユーザーに対して最大10個のタグを付けられます。

ユーザーとのチャットで得られた情報の記録、他のスタッフへの共有事項などは「ノート」を使うと便利です。テキストで情報を残しておくことで、別のスタッフがやりとりを引き継いでも、適切な対応ができます。

また、チャットでやりとりしているユーザーの表示名は変更可能です。デフォルトの表示名は友だち追加時にユーザーが設定しているものと同じになるので、ニックネームになっているケースも多々あります。実際にやりとりする中で相手が誰なのか分からず困る場合は、事前にチャットでユーザーの氏名を確認して変更するとよいでしょう。なお、管理画面で追加した情報や表示名などは、やりとりしているユーザーには表示されません。

LINEチャットは、One to Oneコミュニケーションができる機能です。**ユーザー一人ひとりの情報を踏まえた上で対応できれば、ユーザー満足度のより高い体験を提供でき、企業・店舗とのつながりが強化されます**。

期待できる効果

- 相手の情報や連絡の経緯を踏まえて返信できる
- チャットの対応を、別の担当者に引き継ぐのが簡単
- 表示名を本名に変更することで、チャット相手が明確になる

タグの作成方法

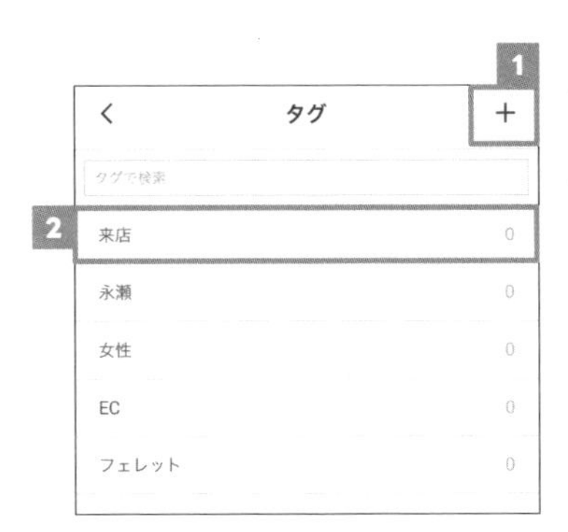

管理アプリ内のフッターにある吹き出しマーク［チャット］→［設定］アイコン→［タグ］を順にタップ。1［+］をタップしてタグの名前を入力して［保存］をタップすると、タグが追加される。2 タグの名前をタップすると、そのタグを付けたユーザーの一覧を表示可能。

ユーザー表示名の設定方法

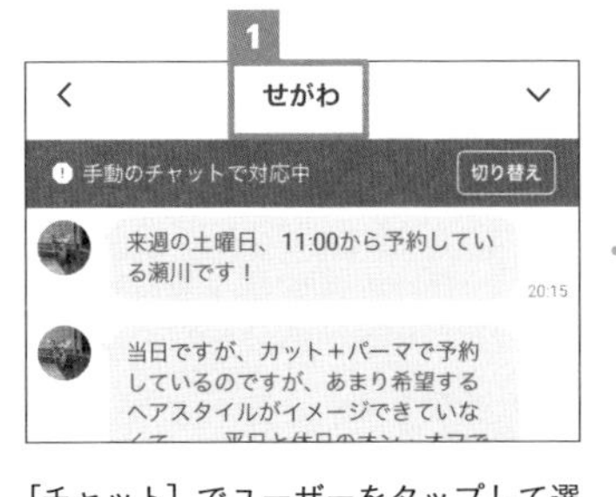

［チャット］でユーザーをタップして選択。続いて 1 ユーザー名をタップすると、プロフィールが表示される。2 鉛筆のアイコンをタップするとユーザーの表示名を変更可能。3［タグ］から、タグの付与と削除ができる。4［ノート］には、テキスト形式で情報を記録できる。

Q 56 ユーザーの属性や行動に合わせてメッセージを送り分けたい。

一斉配信だけでなく、ユーザーごとにメッセージを出し分けたいです。ユーザーの性別、年齢別に区切って配信したり、メッセージの開封状況などをもとに配信したりできますか？

A 「属性」や「オーディエンス」に基づく配信が可能です。

「オーディエンス」は細かい絞り込みができる

友だちの数が増えてきたら、ターゲットを絞ってメッセージ配信することで、開封率やクリック率のアップが見込めます。絞り込み方法には、「属性」(友だち期間、性別、年齢、OS、エリア) があります。属性を絞ると配信対象となるユーザー数は減りますが、よりターゲットに響くメッセージの作成が可能です。

さらに細かくターゲットを絞りたい場合は、「オーディエンス」の設定が便利です。オーディエンスには、配信したメッセージに含まれるリンクをクリックしたユーザー、メッセージを開封したユーザー、特定の経路で友だち追加したユーザーなどを指定できます。設定方法はQ.57 (P.158) を確認してください。

ただし、属性はLINE公式アカウントのターゲットリーチ※が100人以上でないと利用できません。友だち数が増えてから使いましょう。なお、ターゲットの絞り込みに使われる属性はLINEが独自に推測した“みなしデータ” (※P.223参照) で、ユーザーの登録情報をそのまま利用するものではありません。

これらの機能を活用すれば、**ユーザーのニーズにより近いメッセージ配信を行うことができ、企業・店舗との距離を近づけることができるでしょう**。

※性別や年齢、地域で絞り込んだターゲティングメッセージの配信先となる友だちの母数です。LINEおよびその他のLINEサービスの利用頻度が高く、属性の高精度な推定が可能な友だちが含まれます。

期待できる効果

- ユーザーのニーズによりフィットした情報を配信できる
- 一部の地域限定のキャンペーン情報などが配信可能
- 開封率が高まり、メッセージ通数を節約できる

属性の設定方法

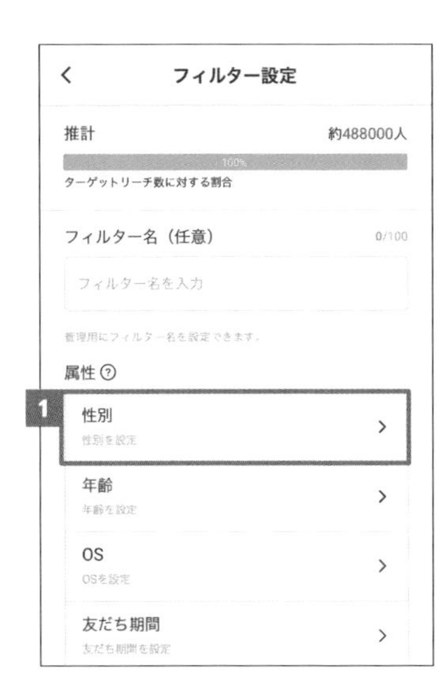

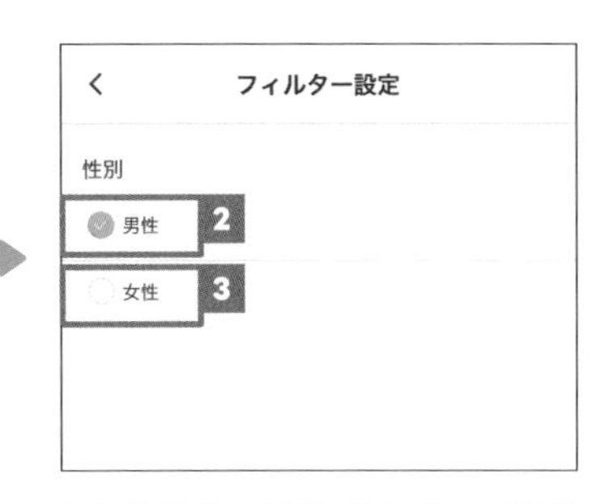

Q.12（P.049）を参考に［メッセージ設定］画面で［属性で絞り込み］→［フィルター設定］を順にタップ。続いて［属性］の中から絞り込みたい項目（ここでは**1**［性別］）をタップすると、詳細の設定画面が表示される。**2**［男性］か**3**［女性］をタップして選択すると、性別の属性が設定できる。

ワンポイントアドバイス

セグメントの設定をもっと自由にするには

「属性」や「オーディエンス」の他にも、例えば「今月、誕生日を迎える方にのみクーポンを配信したい」「特定の商品をある期間内に購入した方にのみに動画を配信したい」など、より細かく絞り込んでメッセージを配信したい場合は、Messaging APIを使った開発や、外部のパートナーが提供する拡張ツールの導入を検討しましょう。

関連

Q.57 自分の担当するユーザーにだけメッセージを配信したい。……P.158

57 自分が担当するユーザーにだけメッセージを配信したい。

予約や施術後のサポートを、LINEチャットで行っています。休暇のお知らせや限定の情報などを、自分が担当しているお客さまに向けてメッセージ配信したいのですが、方法はありますか？

A チャットでタグ付けした人を「オーディエンス」に設定しましょう。

担当制のビジネスに有効な配信方法

美容室、整体などのサービス業では、スタッフが担当するユーザーが固定されている場合が多くあります。一斉配信の場合、友だち全員に同じ内容のメッセージが配信されますが、LINEチャットの「タグ」(Q.55／P.154) を活用することで、担当ユーザーにだけメッセージを配信することが可能です。この機能を使えば、自分の出勤日や休暇をお知らせしたり、特別なキャンペーン情報などを案内したりできます。

具体的には、**「オーディエンス」の設定で、チャットでタグ付けしたユーザーを抽出する「チャットタグオーディエンス」を使います**。ユーザーとのLINEチャットを担当者別にタグ付けして管理している場合は、そのままオーディエンスに設定するだけで簡単に利用できます。担当制の店舗ビジネスだけでなく、オンライン英会話などユーザーに担当スタッフがつくオンラインサービスなどでも有効です。

期待できる効果

- **担当ユーザーにだけ、休暇や時短のお知らせが一括で配信可能**
- **こまめな情報発信で、担当スタッフをより身近に感じてもらえる**
- **限定情報や特別なクーポンの配信にも使える**

オーディエンスの作成方法

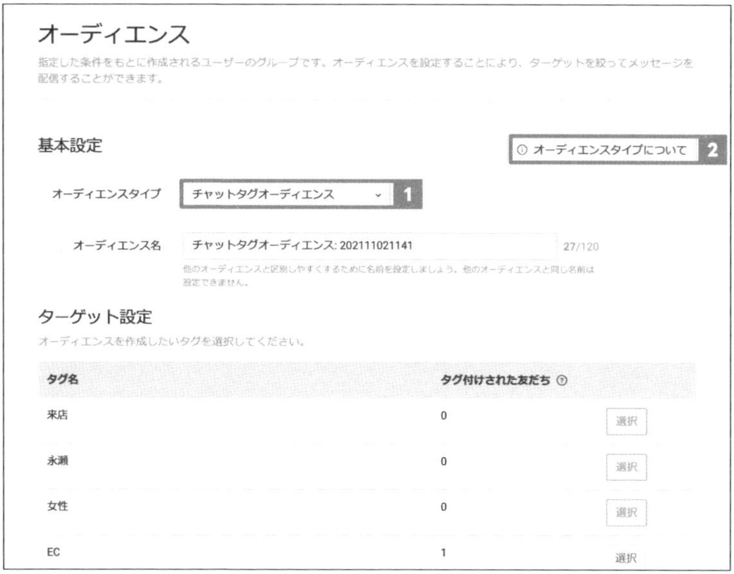

オーディエンス

指定した条件をもとに作成されるユーザーのグループです。オーディエンスを設定することにより、ターゲットを絞ってメッセージを配信することができます。

基本設定

ⓘ オーディエンスタイプについて 2

オーディエンスタイプ チャットタグオーディエンス 1

オーディエンス名 チャットタグオーディエンス: 202111021141 27/120

他のオーディエンスと区別しやすくするために名前を設定しましょう。他のオーディエンスと同じ名前は設定できません。

ターゲット設定

オーディエンスを作成したいタグを選択してください。

タグ名	タグ付けされた友だち	
来店	0	選択
永瀬	0	選択
女性	0	選択
EC	1	選択

Web版管理画面で［ホーム］→［データ管理］→［オーディエンス］→［作成］を順にクリック。［オーディエンスタイプ］で1［チャットタグオーディエンス］を選択して、ユーザーに設定しているタグを指定する。他に設定可能なオーディエンスタイプの詳細は2［オーディエンスタイプについて］から確認できる。

ワンポイントアドバイス

チャットタグを効率よく管理するには

LINEチャットのタグを後から整理すると工数がかかるので、あらかじめ規則的なタグ名を考えておきましょう。

- 担当ユーザーにメッセージ配信を行いたいとき
  →○○（スタッフ名）_△△様（ユーザーの名前）
- 入会月別にメッセージ配信を行いたいとき
  →○月（入会月）_△△様（ユーザーの名前）
- （デリバリーなど）居住地別にメッセージ配信を行いたいとき
  →○○市（居住地）_△△様（ユーザーの名前）

Q58 友だちが増えて、アップグレードしたいが予算がない。

LINE公式アカウントの友だちが増えてきました。無料で配信できるメッセージの上限にすぐ達してしまいます。プランを変更したいのですが、上長に「予算がない」と言われました。

A 計画立てた配信と、その成果を示して予算を獲得しましょう。

配信数を節約しつつ、予算獲得のために動く

LINE公式アカウントには無料で利用できる「コミュニケーションプラン」がありますが、送信できるメッセージは月に200通までです。単純計算で、友だち数が200人を超えると、一斉配信で月に1度しか情報を発信できません。**コミュニケーションプランで運用する場合は、配信内容とタイミングの計画を立てることが大切**です。

メッセージの配信時には、配信通数の上限を決められます。月の途中で友だちの数が増えても、上限値を決めておくと計画どおりに配信できます。また、LINEチャットでタグ付けしているユーザーだけを対象に配信することも可能です。

こうした工夫に加え、運用者として成果を示し、企業・店舗内での予算獲得も目指してみてください。例えばクーポンの配布後、クーポン利用者数はLINE公式アカウントからの集客数、クーポン利用者数の合計売上金額はLINE公式アカウントによる売上として成果を示せれば、予算獲得につなげやすくなります。

期待できる効果

- 配信数の上限を設定すれば、無料のメッセージの範囲内に収まる
- LINE公式アカウントに興味があるユーザーに絞って配信できる
- 予算が獲得できれば、繁忙期に集中して配信数を増やせる

配信数の制限方法

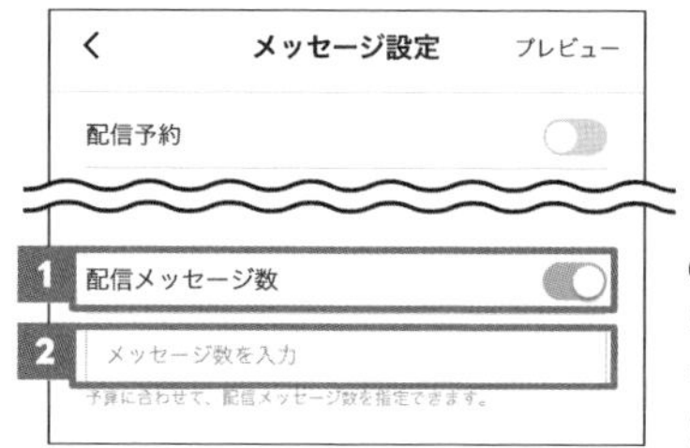

Q.12（P.049）を参考に、[メッセージ設定]を表示しておく。1 [配信メッセージ数]をオンにすると2 [メッセージ数を入力]に配信数の上限を入力できる。

タグ付けしたユーザーへの配信方法

Q.57（P.158）を参考にチャットタグオーディエンスを作成しておく。続いてWeb版管理画面で［ホーム］→［メッセージ配信］→［メッセージを作成］→1［絞り込み］を順にクリック。1をクリックすると、配信するオーディエンスの選択画面が表示されるので、配信したいものの［含める］→［追加］を順にクリック。2［オーディエンス］に配信先に含めるチャットタグオーディエンスが表示される。

ワンポイントアドバイス

メッセージ配信の費用対効果を分析する

WebサイトやECサイトに、効果測定用のLINE Tagを設定しておくと、LINE公式アカウント経由のECサイト来訪や購入をトラッキングし、分析画面から確認できるようになります。LINE公式アカウント全体、あるいはメッセージ、リッチメニュー、クーポンなどの各機能が、売上や申し込みなどのコンバージョンにどれくらい寄与しているのかを分析し、費用対効果の検証に活用してください。分析画面の見方はQ.64（P.172）、トラッキング設定はQ.67（P.178）を確認してください。

Q59 既存ユーザーにアプローチして、サービスを利用してほしい。

ECサイトを運営しています。利用ユーザーの中にはLINE公式アカウントの友だちではない人もいます。その人たちに広告でオススメ商品の情報を届けたいのですが、よい方法はありますか？

A 「オーディエンス配信」を利用しましょう。

ターゲットを指定して広告を配信できる

ネット広告では、自社サイトへの訪問履歴があるユーザーに広告を表示させる「リターゲティング」という配信手法があります。LINE広告では「オーディエンス配信」により、リターゲティングの実施が可能です。さまざまな「オーディエンス」（広告の配信対象）を設定することで、**過去のサイト訪問者やサービスの利用ユーザーを対象に、広告を配信できます**。例えば、他社製品と比較・検討するために購入を見送っていたユーザーにオーディエンス配信でアプローチすれば、通常の配信よりも高い広告効果が見込めます。

［オーディエンスの種類（一部抜粋）］

種類	内容
ウェブトラフィックオーディエンス	サイト訪問ユーザーのオーディエンスを、LINE Tagのトラッキング情報をもとに作成。サイト内購入などのイベントに基づいたオーディエンスの作成も可能
モバイルアプリオーディエンス	アプリを開いた人やアプリ内で購入をした人などのオーディエンスを、アプリ内で発生したイベントに基づいて作成
電話番号アップロード	保有している電話番号を用いて作成
メールアドレスアップロード	保有しているメールアドレスを用いて作成

［オーディエンス配信の仕組み］

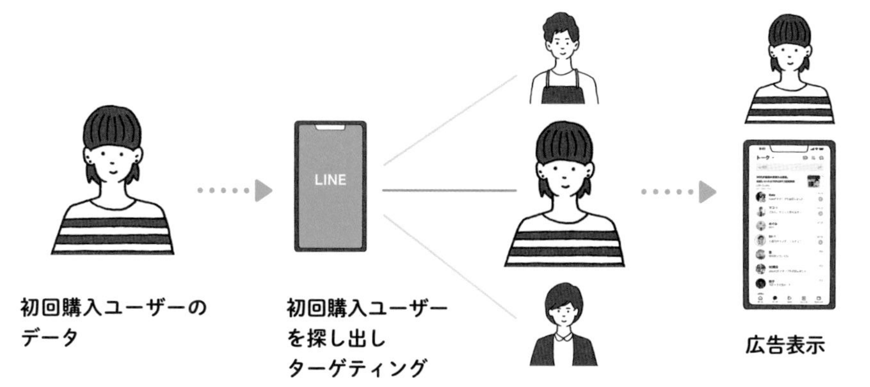

期待できる効果

- すでに接点のあるユーザーに広告を配信できる
- 保有している顧客データからターゲットを指定可能
- 幅広いターゲティングで配信するよりも興味を持ってもらいやすい

オーディエンス配信の設定方法

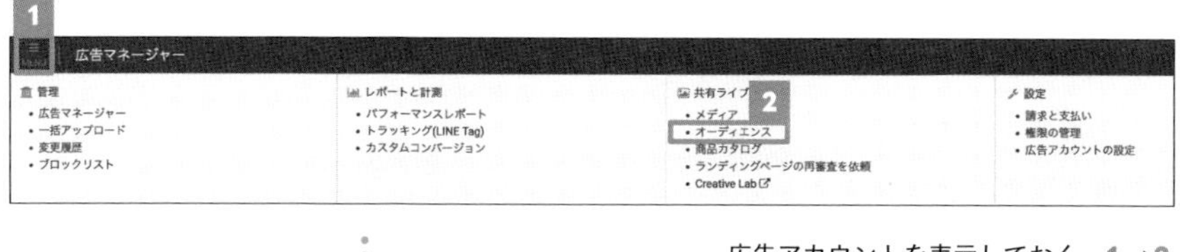

広告アカウントを表示しておく。1→2［オーディエンス］を順にクリック。

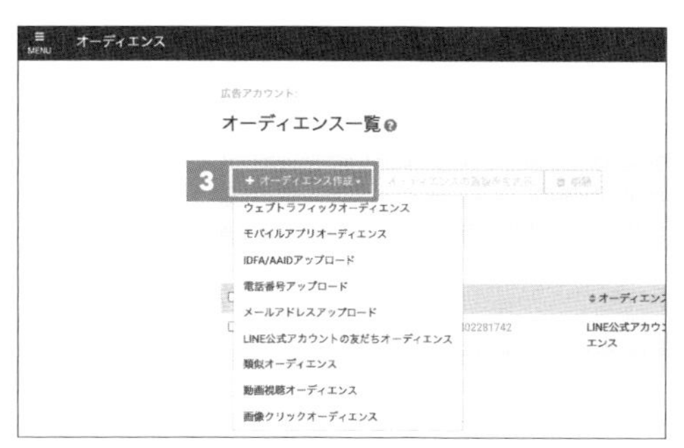

［オーディエンス一覧］が表示された。3［オーディエンス作成］をクリックして、作成したいオーディエンスを選択すると、作成画面が表示される。

既存ユーザーに似たターゲット層に広告を配信したい。

リピーターが増える一方で、新規ユーザーの集客がうまくいきません。既存ユーザーに似たユーザーに広告を配信できれば効果がありそうですが、そのようなことはできますか？

「類似配信」を活用しましょう。

オーディエンスを類似拡大して、広告を配信

LINE広告には「類似配信」という配信手法があります。すでに自社の商品やサービスを利用しているユーザーや、LINE公式アカウントを友だち追加しているユーザーをソースオーディエンス（広告の配信対象の元データ）にして、それに類似するユーザーに広告を配信できる機能です。優良顧客になりうる新規ユーザーに対して、効率的にアプローチできるメリットがあります。

Q.59（P.162）で作成したオーディエンスに含まれるユーザーから、性別や年齢、興味・関心などが類似したユーザーをLINE内で探し出し、広告を配信します。そのため、ソースオーディエンスの数と質によって広告効果が変わる可能性があります。例えばECサイトなら、**利用頻度や購入金額の高い優良顧客のデータだけを抽出してソースオーディエンスを作成すると高い効果が見込めます**。ただし、ソースオーディエンスはある程度、目安として500以上の母数が担保されていることが必要です。

また、オーディエンスサイズを％で指定することもできます。サイズが大きいほど似ているユーザーが含まれる割合は低くなりますが、より多くの人を対象に配信可能です。サイズを自動設定すると、LINEの配信アルゴリズムによって、最適なオーディエンスサイズになるように調整した上で、広告が配信されます。

期待できる効果

- 既存ユーザーのデータを使って、新規ユーザーを集客できる
- 興味を持ってくれそうなユーザーを探し出して配信できる

［類似配信の仕組み］

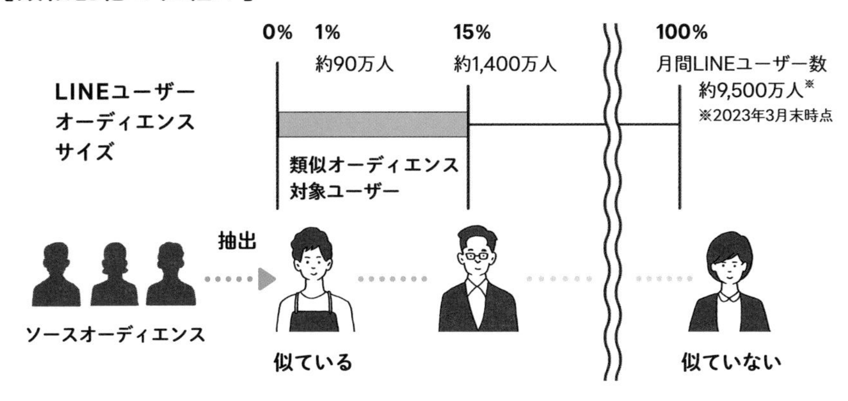

類似オーディエンスの作成方法

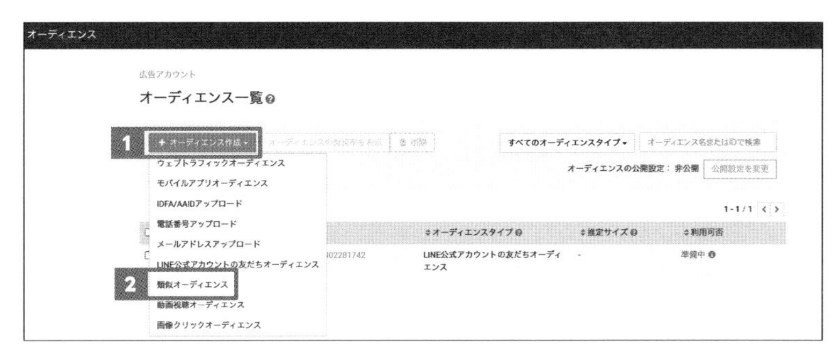

Q.59（P.162）を参考に、類似オーディエンスのもとになるオーディエンスを作成しておく。続いて**1**［オーディエンス作成］→**2**［類似オーディエンス］を順にクリック。

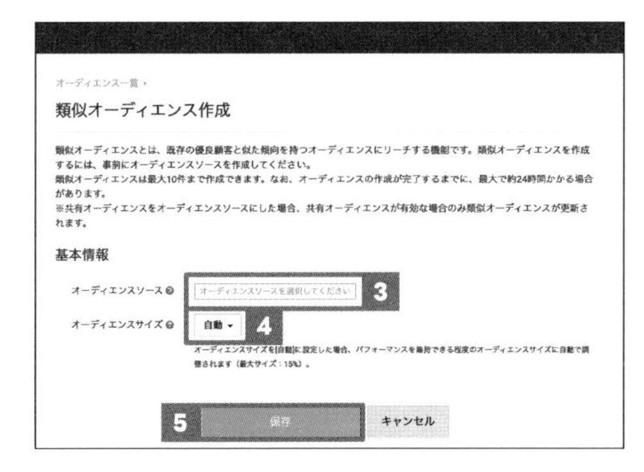

3［オーディエンスソースを選択してください］をクリックして、作成済みのオーディエンスを選択。続いて**4**［オーディエンスサイズ］から［自動］または［手動］を選択し（［手動］の場合は1%〜15%の間で指定）、**5**［保存］をクリックすると、類似オーディエンスを作成できる。

商品に興味関心を持ってもらうためのメッセージを自動で送りたい。

友だち追加から一定期間が経過したユーザーに情報を発信したいのですが、タイミングをつかめません。事前に内容を指定してメッセージを自動配信できますか？

「ステップ配信」を設定しましょう。

友だち追加後の経過日数や追加経路などを指定できる

メールを使ったマーケティングでは、ユーザー登録や購入から一定期間が経過するとメッセージを配信する「ステップメール」がよく実施されています。LINE公式アカウントにも、これに類似する「ステップ配信」という機能があり、**商品やサービスに対するユーザーの興味関心を高めるのに有効**です。

ステップ配信は、友だち追加日（追加経路）や指定のオーディエンスを配信の開始条件にして、経過日数や属性などを指定して複数のメッセージを自動で配信できる機能です。配信内容を細かく分けたい場合は、条件を分岐させて、それぞれの配信内容を設定します。

例えば、「2023年1月1日」以降に「友だち追加広告経由」で友だち追加したユーザーのうち、友だち追加をしてから「10日」が経過した「女性」のユーザーにはクーポンを配信するといった設定ができます。友だち追加時に、あらかじめ「10日後に特典クーポンを進呈」などとアナウンスしておけば、ユーザーの期待感を上げられるでしょう。

期待できる効果

- **友だち追加後の期間に応じてメッセージを出し分けられる**
- **設定に応じて自動で配信されるため、効果を高めながら運用工数を削減できる**
- **限定クーポンの配信を予告すれば、ブロック防止が見込める**

ステップ配信の設定方法

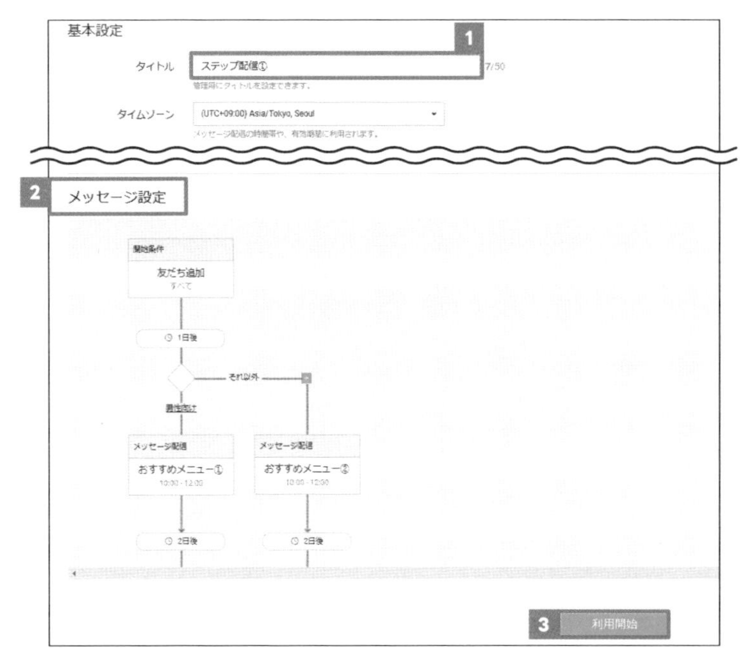

Web版管理画面で［ホーム］→［ステップ配信］→［作成］を順にクリック。続いて［基本設定］で**1**［タイトル］を入力。期間と配信の上限数の設定もできる。**2**［メッセージ設定］で、友だち追加後の日数と配信するメッセージをチャート形式で設定する。友だち追加の経路や、属性による分岐の指定もできる。設定が完了したら**3**［利用開始］をクリック。条件に合ったユーザーに自動でメッセージが配信される。

ワンポイントアドバイス

ステップ配信のテンプレートを活用しよう

ステップ配信には、以下のテンプレートが用意されています。目的に合わせてテンプレートを選択すれば、簡単にステップ配信の設定ができます。

- （友だち追加後の）フォローアップ
- （店内のQRコードから友だち追加した人への）再来店の促進
- レビューやチャットの依頼
- 商品・サービスの宣伝

Q62 友だち追加してくれたユーザーとの関係を深めたい。

友だちの数が増えてきましたが、一方通行のメッセージ配信にならないようにしたいです。ユーザーが考えていることを把握して、関係を深められるような機能はありますか？

A 「リサーチ」を作成して回答してもらいましょう。

まずは気軽に参加できる2択の問題から始めよう

「リサーチ」(Q.25／P.086) は、LINE上で簡単なアンケートを実施できる機能です。自社の商品・サービスの満足度や意見を調査することにも使えますが、まずは気軽に参加できる投票のような形で使うのがオススメです。投票であれば、ユーザーは深く考えたり、時間をとられたりせずに参加できるからです。

簡単なアンケートを配信できる。

例えば飲食店であれば、来月のランチメニューやデザートの内容を投票で決める、店舗に飾る写真を投票で決めるなど、アイデア次第で楽しい企画ができます。**簡単に参加できる方法で、ユーザーにお店作りやメニュー作りに参加してもらうことで、より企業・店舗を身近に感じてもらうことができます**。

リサーチはスムーズな調査が行えるように機能設計されているので、新しく始めたサービスの利用意向、体験してみた感想など、さまざまな調査目的でも活用できます。単一選択だけでなく、複数選択、自由記入なども設計可能です。ユーザーの属性も設定できるので、どのようなユーザーが自社のLINE公式アカウントを友だち追加してくれているのかといった傾向をつかむこともできます。リサーチに回答したユーザー限定でクーポンを配信できる仕組みもあるので、活用すると回答モチベーションがアップするでしょう。

期待できる効果

- ユーザーの好みや傾向を把握できる
- 投票形式だとユーザーの声を手軽に集められる
- 投票で決まったメニュー目当ての来店が期待できる

リサーチの質問の設定方法

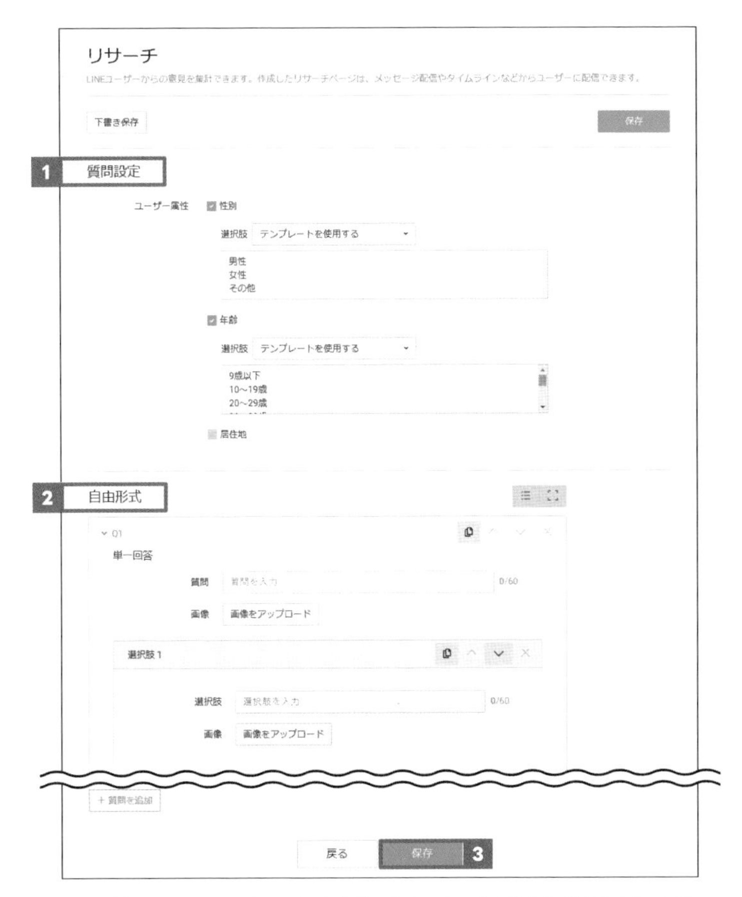

Web版管理画面でQ.25（P.086）を参考にリサーチの基本設定などを入力して［次へ］をクリックすると、**1**［質問設定］と**2**［自由形式］の設定画面が表示される。［質問設定］ではユーザー属性などの質問が作成できる。［自由形式］の［選択］をクリックして質問の回答形式を選択すると、質問の内容の作成画面が表示される。各項目の入力が完了したら**3**［保存］をクリックすると、設定が完了する。

LINE公式アカウントの発信が飽きられていないか不安になる。

ユーザーに楽しんでもらえるようなメッセージを届けたいと思い、日々、運用しています。開封率もまずまずなのですが、ユーザーの満足度が分からず、運用方針について悩んでいます。

A 「アカウント満足度調査」を使って評価してもらいましょう。

「NPS」を使ったユーザー調査ができる

「アカウント満足度調査」は、LINE公式アカウントに対する友だちの満足度を調査できる機能です。質問項目は「このアカウントを友人や同僚に勧める可能性はありますか？」のみで、0～10の段階で評価してもらいます。

ネットプロモータースコア（NPS）は、顧客のロイヤリティーを測る指標です。高い満足度である9、10をつけたユーザーを「推奨者」、7、8を「中立者」、0～6を「批判者」と分類し、次ページの図のような計算式でスコアを測定します。多くの場合、スコアはマイナスになりますが、プラスになるほどロイヤリティーが高いことを示します。**うまく運用できているLINE公式アカウントであれば、親しみや好感が高まることで、他の人への推奨意向が高く評価される**と考えられます。調査は半年に1回などのペースで継続的に行い、満足度の変化を評価しましょう。

満足度調査は、リサーチ機能（Q.62／P.168）の1つとして提供されています。認証済アカウントまたはプレミアムアカウントの場合は、アカウントへの要望を、自由回答でヒアリングするフォームが追加されます。なお、満足度調査は無償で配信可能です。

期待できる効果

- **質問内容がシンプルなので、多くの回答が集まる**
- **評価が見えるので、今後のLINE公式アカウントの運用に役立つ**
- **ユーザーからの回答が、運用モチベーションにつながる**

［NPSの計算式］

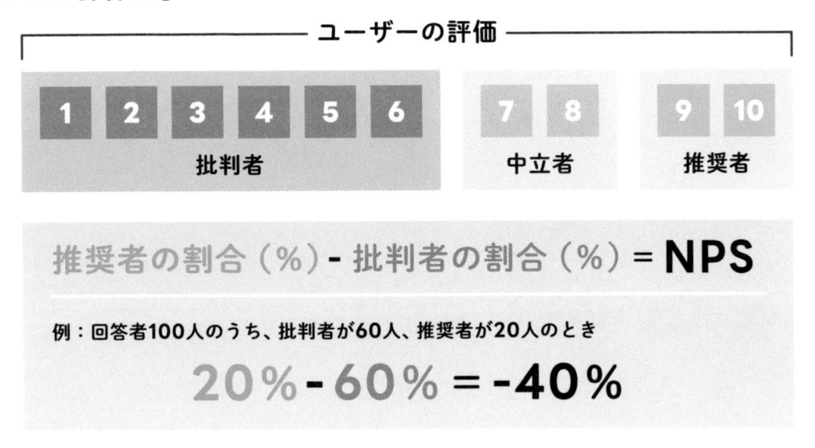

アカウント満足度調査の配信方法

アカウント満足度調査

既存のアンケートを使用して、ユーザーの満足度を簡単に調査できます。ユーザーの満足度を定期的に調査することで、過去のプロモーションを参考に今後の施策を設定することが可能です。なお、調査は90日間で1回しか行えません。

1 アカウント満足度調査を実施する

調査リスト　ⓘ NPS®とは？

調査期間　NPS®　調査結果

実施した調査はありません

Web版管理画面で［ホーム］→［リサーチ］→［アカウント満足度調査］を順にクリック。続いて［ご利用の前に］に記載された内容を確認して［上記の内容に同意する］→［アカウント満足度調査を利用する］を順にクリックすると、アカウント満足度調査の作成画面が表示される。1［アカウント満足度調査を実施する］をクリック。

メッセージ配信

下書き保存　テスト配信　4 配信

2 配信先　すべての友だち　ランダム抽出

3 配信日時　今すぐ配信　2021/08/30　16:00　UTC +9:00

［メッセージ配信］画面に切り替わった。2［配信先］の設定や、3［配信日時］の設定が可能。完了したら4［配信］をクリックすると、設定した時刻にアカウント満足度調査がメッセージとして配信される。

Q64 分析画面にはいろいろな数値があるが、何をどう見ればよい？

分析画面では、さまざまな数値やグラフなどを見られますが、この数値が何を意味しているのか、どのように振り返ればいいのか分かりません。

A まずは分析画面の項目について理解しましょう。

「やりっぱなし」にしないために、分析を活用しよう

デジタルツールを使う上で陥りがちなのが、運用を「やりっぱなし」にしてしまい改善ポイントが見えてこない状態です。こうなると、中長期でユーザーとの関係を強化できるLINE公式アカウントの良さを生かせないので、「分析」機能を活用しましょう。

分析機能では、LINE公式アカウントを友だち追加してくれたユーザーの数やその属性、タイプ別のメッセージ配信数やその開封率、クーポンの開封者数や利用者数など、次ページの表の項目についてまとめて確認することができます。

さらに、これらの分析データはCSVデータでダウンロードできるので、レポートの作成にも便利です。**1カ月に1回など、あらかじめ分析作業のタイミングを決めて、運用を振り返りましょう**。

期待できる効果

- **数値やグラフが集約されているので、効率よく振り返りができる**
- **アカウントの運用を見直す手段になる**
- **分析データをダウンロードできるのでレポート作成時に便利**

[分析機能で確認できる項目と内容]

項目	内容
あいさつメッセージ	インプレッション数やクリック数など
友だち	友だちの追加数、属性情報、友だち追加経路、友だち追加広告の詳細など
メッセージ配信／メッセージ通数	メッセージに関する指標の統計情報など
チャット	チャットで使用したメッセージ数など
LINE VOOM	VOOM Studioのアカウント別分析など
クーポン	開封者数や利用者数など
予約	LINE公式アカウントからの店舗の予約数・来店数など
ショップカード	カードの発行数や、ポイント別の使用ユーザー数など
プロフィール	プロフィールが表示された回数や表示したユーザー数など
リッチメニュー	エリアごとのクリック回数や表示回数など

分析機能の確認方法

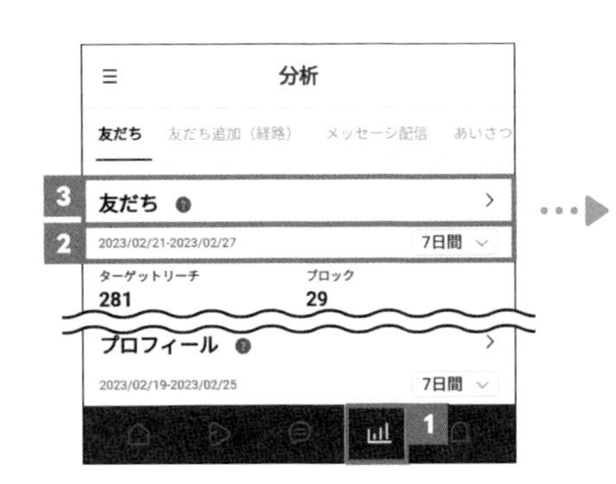

1［分析］をタップすると、期間内のさまざまな数値の変化を一覧で確認できる。2日付をタップすると、期間の変更が可能。続いて、詳細を確認したい項目（ここでは3［友だち］）をタップ。

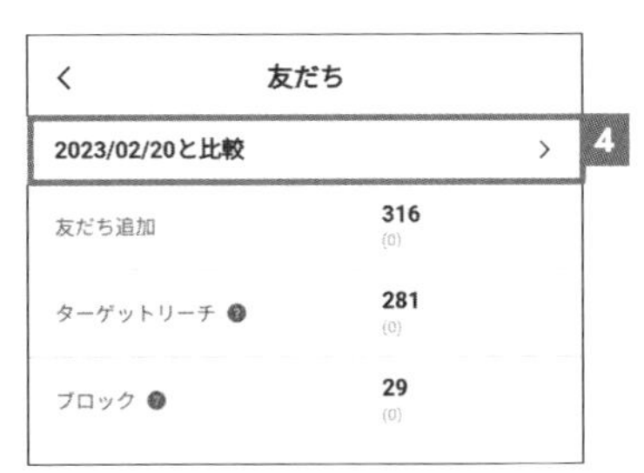

［友だち］が表示された。4期間をタップして確認したい期間を入力し、［保存］をタップすると、その期間の数値が確認できる。グラフが表示される項目もある。

Q65 ブロックをなくすにはどうしたらよい？

分析機能を見ていると、友だちが少しずつ増える一方で、ブロックも発生しています。ブロックされないためには、どうしたらよいでしょうか？

A ブロックは一定数発生するものと考えましょう。

ブロックが急増した場合は配信内容を見直す

分析機能の「友だち」では、友だちの数やターゲットリーチ（※P.156参照）に加え、ブロック数を確認できます。ブロックは友だち追加状態のままで、メッセージの送受信ができなくなる状態です。友だちの数が多くてもブロック数が多ければ、その分メッセージを配信できていないことになります。

ブロックしたユーザーのLINEチャットは［Unknown］と表示される。

LINE公式アカウントでは、一定数のブロックが発生します。特に、クーポンやスタンプを配布して友だちを集めると、特典を受け取ったあとにブロックするユーザーもいます。完全にブロックをなくすのは難しいと考えてください。

ただし、急激にブロック数が増えた場合は、前後のメッセージの配信内容や頻度をチェックしてください。内容がユーザーのニーズに合っていなかったり、配信頻度が高すぎたりするとブロックされる可能性があります。**キャンペーン中などでどうしても配信頻度が高くなるときは、性別、年齢、エリアなどで対象を絞って配信するなど、工夫してみましょう**。また、定期的なクーポン配信など、LINE公式アカウントの友だちでいるメリットが感じられるようなメッセージ配信を心がけてください。

期待できる効果

- 多少ブロックされても気にしすぎる必要はない
- 配信内容や頻度を見直すきっかけになる
- ユーザーメリットをより考えたメッセージ配信ができる

ブロックの確認方法

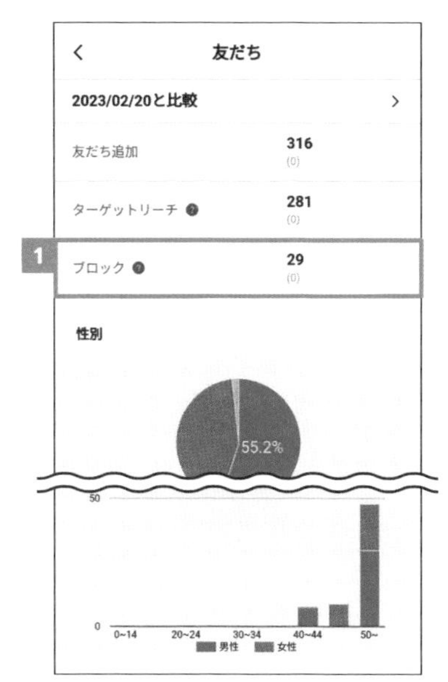

［分析］から［友だち］をタップすると、1［ブロック］から友だちのブロック数を確認できる。

ワンポイントアドバイス

ユーザーのブロックを肯定的に捉える

LINE公式アカウントを運用していてブロック数が増えてくると、やはり不安な気持ちになります。しかし、残っている友だちは、企業・店舗の商品やサービスに興味・関心を持ち、「今後も情報を受け取りたい」と考えているユーザーなので、ブロックを必要以上に恐れずにメッセージ配信を続けてください。「興味・関心のないユーザーが、向こうからNGを示してくれた」とブロックを肯定的に捉え、今いる友だちとの関係性強化を目指しましょう。

Q66 より効果的なメッセージ表現を検証する方法を知りたい。

LINEを使ってどのようなメッセージや画像がユーザーにより響くのか検証したいのですが、配信効果の確認やテストに便利な機能はありますか？

A 「A/Bテスト」を活用しましょう。

複数のバリエーションを作成して反応の違いを検証する

ターゲットリーチ（※P.156参照）が5,000人以上になると、「A/Bテスト」を実施して、メッセージの反応を比較することができます。A/Bテストとは、メッセージのバリエーションを作成して、特定の割合のユーザーに配信し、配信効果を検証することです。

A/Bテストは、Web版管理画面の［メッセージを作成］から作成できます。テストでは友だち全員に配信する必要はなく、テストから3日以内に残りの友だちに反応がよかったほうのメッセージを配信することもできます。バリエーションは最大で4パターンを設定可能です。結果は［分析］の［メッセージ配信］で確認できます。

A/Bテストでは、比較可能な要素を含めて配信することで初めて、どちらの効果がよいか検証できます。まったく異なる内容や、ほぼ同じ内容では検証になりません。次ページで示すように、**比較ポイントを定めた上で、配信してください**。

配信数が少なすぎたり、パターンを分割しすぎたりすると、正しく評価できない場合があります。また、配信結果にわずかな差しかない場合は、統計的に有意な差ではない場合もあるので、注意しましょう。

期待できる効果

- **より効果的なメッセージ表現を検証できる**
- **A/Bテストが配信されていないユーザーにも同じ内容を送信できる**
- **A/Bテストを繰り返すと、メッセージ配信の勝ちパターンが見える**

A/Bテストでクーポンを配信する例

［A］

［B：テキストを変更］

［C：画像を変更］

AとB、AとCで比較して配信する。

A/Bテストの配信方法

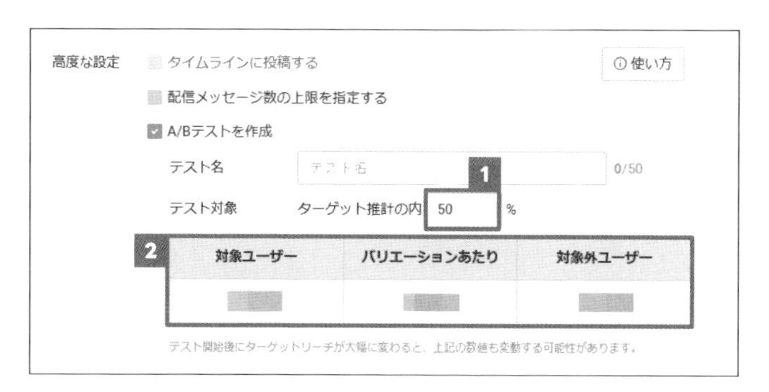

Web版管理画面で［ホーム］→［メッセージを作成］→［A/Bテストを作成］を順にクリック。続いて**1**［テスト対象］にA/Bテストを配信する友だちの割合を入力。**2**で配信対象者数を確認できる。

配信するメッセージの内容は**3**タブで切り替えてそれぞれ入力する。**4**［バリエーションを追加］をクリックすると、バリエーションが追加される。

67 LINEを経由したWebサイトの訪問者数を計測したい。

WebサイトやECサイトに誘導するようなメッセージをLINE公式アカウントで配信しています。どのくらいのユーザーがLINE経由で訪問しているのかを計測し、効果を調べたいです。

A Webサイトに「LINE Tag」を設置しましょう。

目的に応じてタグを設定しよう

LINE公式アカウントのメッセージ配信が、Web上での成果（コンバージョン）にどれだけつながったかを計測するには、Webサイトに指定の「LINE Tag」を設置する必要があります。**LINE Tagを設置することで、友だちがとった行動（購入、会員登録など）を計測できる**ようになります。

計測の結果は、管理画面の「分析」から確認可能です。どのメッセージ配信がユーザーの行動につながったのか、定期的に振り返るようにしましょう。

なお、LINE広告を利用している場合は、同じLINE公式アカウントを紐付けたすべての広告アカウントと、LINE Tagで得られた情報を共有することができます（Q.68／P.180）。次ページの3つのタグを、Webサイトの適切な場所に設置しましょう。

タグの設置は、Webサイトのソースコード内に次ページで表示したコードをコピー＆ペーストして行います。サイト構築やコーディングに関する知識がなく、自分でタグを設置する方法が分からない場合は、サイト制作を依頼したパートナーに相談してください。

期待できる効果

- **LINE経由のコンバージョン計測で、注力すべき施策が分かる**
- **コンバージョンにつながらないメッセージの改善をすぐに行える**
- **メッセージのクリックデータを、LINE広告のターゲティングに活用できる**

［LINE Tagの種類］

LINE Tag	設置方法
ベースコード	計測を行いたいWebサイトのヘッダー内に設置するか、タグマネージャーで設定
コンバージョンコード（イベントコード）	コンバージョンを計測する場合に、コンバージョン完了ページ（購入完了、会員登録完了ページなど）に設置。ベースコードとセットで設置する必要がある
カスタムイベントコード（イベントコード）	コンバージョン以外の行動を計測する場合に、該当ページに設置。ベースコードとセットで設置する必要がある

LINE Tagの設定方法

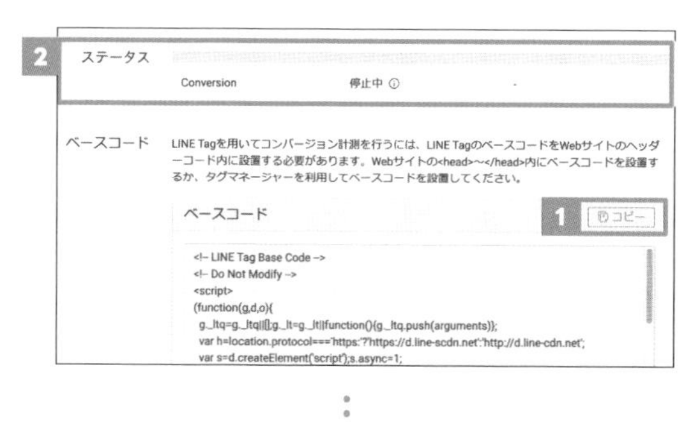

Web版管理画面で［ホーム］→［データ管理］→［トラッキング］→［LINE Tagの利用を開始する］を順にクリックすると、Webサイトに設置するタグ（コード）が表示される。1［コピー］をクリックしてWebサイトにタグを設置すると、2［ステータス］が［利用可能］になる。

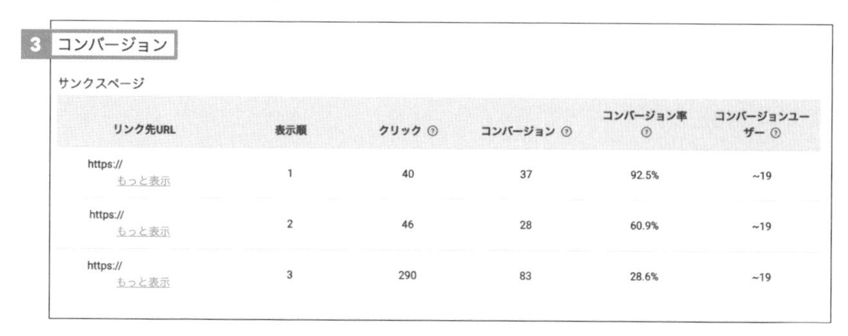

リンク先URL	表示順	クリック	コンバージョン	コンバージョン率	コンバージョンユーザー
https:// もっと表示	1	40	37	92.5%	~19
https:// もっと表示	2	46	28	60.9%	~19
https:// もっと表示	3	290	83	28.6%	~19

例えば、メッセージ経由のコンバージョンを計測する場合は、［分析］→［メッセージ配信］→［詳細］を表示すれば、3［コンバージョン］部分に分析内容が表示される。

Q 68 LINE広告経由のアクセスやコンバージョンを計測したい。

どれくらいのユーザーが、LINE広告経由で自社のWebサイトやECサイトを訪問しているのか、また、商品購入につながっているのかを計測したいです。

A 「LINE Tag」で広告効果を計測できます。

LINE公式アカウントのLINE Tagと共有可能

広告の効果計測には「タグ」が必要です。LINE広告では、Webサイト上にLINE Tagを設置すると、広告経由のアクセスやコンバージョンなどを計測できます。どの広告経由でWebサイトへのアクセス数が増えたか、商品購入や会員登録などがあったかが分かると、**数値に基づいた運用改善ができるようになります**。

また、リターゲティング広告では、過去にWebサイトを訪問したことがあるユーザーに対して広告を配信します。その際に使用するオーディエンスデータの作成にも、タグが欠かせません。LINE広告の場合、LINE TagをWebサイトに設置してオーディエンスデータを作成すれば、すでに自社の商品・サービスに興味・関心のある人をLINE内から探し出して広告を配信する「オーディエンス配信」(Q.59／P.162) が実施可能です。

LINE Tagは、LINE広告の管理画面から取得できるほか、LINE公式アカウントのWeb版管理画面で取得したものとの共有が可能です。設置するコードの詳細は、Q.67 (P.178) を参照してください。

期待できる効果

- **広告の配信効果が分かると、運用の改善点が見えてくる**
- **オーディエンスデータの作成で、広告の配信手法が広がる**

コードの設置例

①ベースコード

ベースコードを設置すれば、クリックからコンバージョン発生までの有効期間や、流入元URL別など特定の条件下での「カスタムコンバージョン」を計測できます。なお、オーディエンス配信を実施するには、ベースコードを設置してオーディエンスデータを作成します。

②ベースコード＋コンバージョンコード

購入完了、会員登録完了のページにコンバージョンコードを設定しておき、そのページを訪れた人の数からコンバージョンを計測します。広告単位でコンバージョン率を比較することで効果の高い広告を発見できます。

③ベースコード＋カスタムイベントコード

商品のランディングページ、申し込みフォーム、購入完了ページにそれぞれカスタムイベントコードを設置し、どこで離脱が発生するかなどを検証します。

LINE Tagの設定方法

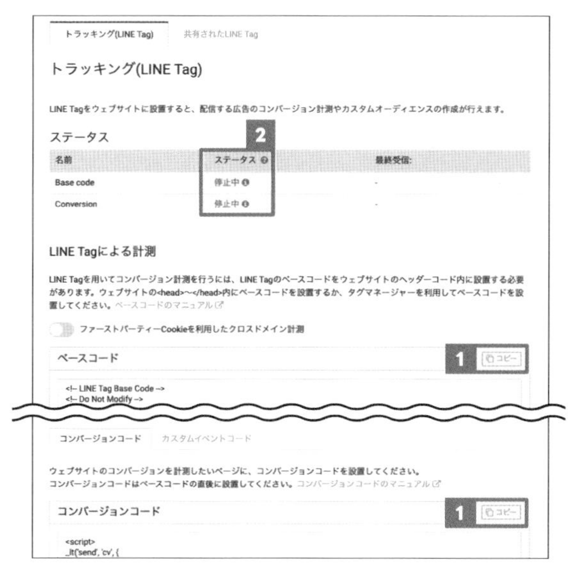

P.163を参考に、共有ライブラリメニュー内の［トラッキング（LINE Tag)］をクリックすると、1 3つのコードがコピー&ペーストできるようになっている。タグの設置後、使用しているタグの2［ステータス］も確認できる。

Q69 LINE広告を配信しているが、リーチが伸びない。

LINE広告を配信してしばらく経ちますが、リーチやインプレッションが伸びません。何か原因はありますか？ 設定のどこを見直せばよいのでしょうか。

複数の理由が考えられます。順番に確認してみましょう。

配信ステータスやボリューム、予算を見直す

LINE広告にはキャンペーン、広告グループ、広告に配信ステータスがあり、いずれかが「停止中」になっていると配信されません。特に、**リーチやインプレッション数（広告がユーザーに100％表示された回数）が0になっている場合は注意**してください。審査（Q.20／P.069）で否認となった場合は、内容を修正して再申請してください。審査が通過している場合は、配信スケジュールや配信設定がオンになっているか確認しましょう。

配信設定に問題がない場合は、ターゲットを見直しましょう。LINE広告では配信ターゲティングを細かく設定できますが、その分配信対象となるユーザーが少なくなってしまいます。広告グループの**「推定オーディエンス」が「狭い」に大きく傾いている場合は、ターゲット設定の見直しを行い配信対象を増やしましょう**※。

もう1つ確認したいのは、入札価格や1日の予算です。自動入札の場合、最適な入札価格が上限CPA（顧客獲得単価）、CPC（クリック単価）の範囲内で適用されます。**入札価格や予算が低すぎると配信されない場合がある**ので、設定内容を見直して、予算の引き上げを検討してください。

※リターゲティング配信では配信対象者が狭くなるケースが多いため、その限りではありません。

期待できる効果

- 審査否認が少ない広告運用ができるようになる
- ターゲティングや入札の内容を確認する習慣がつく

リーチが伸びない場合の改善アクション

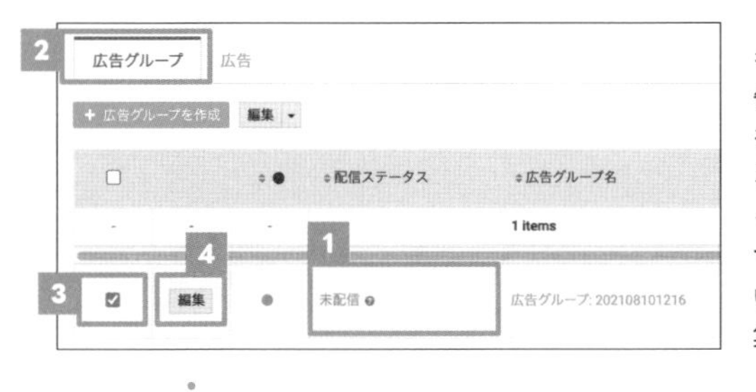

キャンペーンと［広告グループ］、［広告］それぞれの1［配信ステータス］を確認。［利用可能］と表示されている場合は広告を配信できる状態になっている。2［広告グループ］タブでオーディエンスと予算を編集したい広告グループの3［オン］→4［編集］を順にクリック。

推定オーディエンスが「狭い」に大きく傾かないよう［ターゲット設定］を調整。

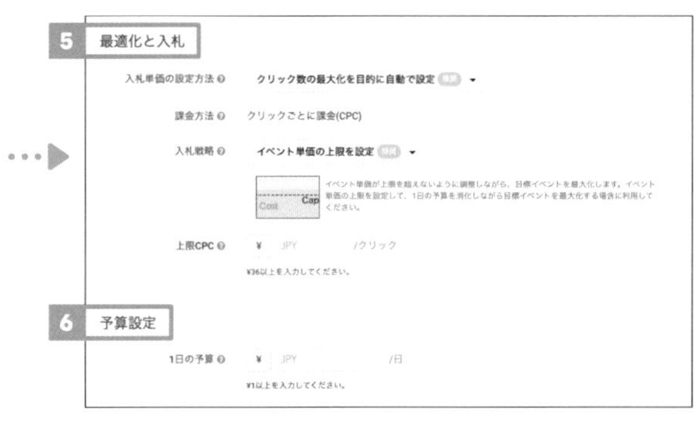

画面をスクロールして5［最適化と入札］と6［予算設定］を確認。

ワンポイントアドバイス

動きで興味を引く画像（アニメーション）を活用しよう

　リーチが伸びてもCTRが低い場合は、LINEアプリ内で最もアクティブ率が高いトークリスト面に配信できる「画像（アニメーション）」を試してみましょう。動きがつけられるので、ユーザーの興味を引きやすいフォーマットです。

広告アニメーションの例

Q 70 自社で保有する顧客データと照合して、メッセージを配信したい。

自社のアプリの利用状況などに合わせて、ユーザーそれぞれによりフィットしたメッセージを出し分けたいです。何かよい方法はありませんか？

A 「LINEログイン」でID連携を促しましょう。

ID連携でOne to Oneコミュニケーションを実現

LINEログインは、Webアプリやネイティブアプリ（iOS、Android）などに、LINEアカウントを利用してログインできる「ソーシャルログイン」を導入する機能です。**ユーザーは、各種サービスを利用するときにLINEアカウントでログインできるようになるので、個人情報やメールアドレスなどを入力する手間を減らせます。**

企業・店舗は、ログイン時にLINE公式アカウントの友だち追加を促すことも可能です。さらに、LINEアカウントと自社の顧客データを連携（ID連携）させることで、サービスの利用状況に合わせたメッセージ配信が、Messaging APIを活用してできるようになります。例えば、ECサイトで商品を購入したユーザーにメッセージを送信して購入後のフォローをしたり、ユーザーが購入した商品に類似した商品を後日、メッセージでリコメンドしたりできます。

LINEログインを用いたID連携や、Messaging APIの活用は、ユーザー一人ひとりにフィットしたメッセージ配信を行う上で重要です。自社またはLINEの開発パートナーによる開発を経て、One to Oneコミュニケーションを目指してください。

期待できる効果

- **LINEでログインできるので自社サービスの利用を促せる**
- **LINEアカウントと自社の顧客データを連携して、今後の施策に生かせる**
- **アプリなどの利用状況に合わせたメッセージを配信できる**

LINEログインの仕組み

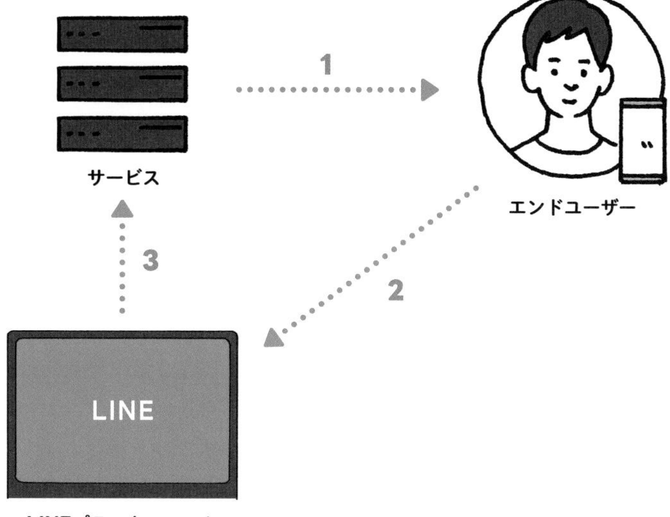

1 サービスからエンドユーザーに、LINEログイン用のページを送信。2 エンドユーザーが、LINEを利用して認証と認可。この工程が終わると、サービスは、ユーザーを識別するためのアクセストークンをLINEプラットフォームから取得できるようになる。3 LINEプラットフォームからアクセストークンを取得。

ワンポイントアドバイス

ID連携で実現する高度なメッセージ配信

企業・店舗の顧客データと友だちのLINEアカウントを連携させると、ユーザー一人ひとりに合ったメッセージ配信（セグメント配信）ができます。

例えば、ECサイトで前日に商品をショッピングカートに入れたまま、購入手続きが済んでいないユーザーにメッセージを配信する「カゴ落ち」を防ぐセグメント配信が可能です。購入忘れがないか確認することで、コンバージョンを促すことができます。

他には、高ロイヤリティーユーザーへのセグメント配信の例もあります。招待制の限定イベントを実施する際などに、年間支払い額上位10%のユーザーにのみメッセージを配信することで、特別感を演出できます。

LINEでのデータ活用を一歩先へ！新サービス「ビジネスマネージャー」

LINE公式アカウントとLINE広告など、複数のサービスを活用する際に、それらのデータを広告主単位で統合して管理できるサービス「ビジネスマネージャー」を紹介します。

LINE内外のデータをマーケティングに横断活用できる

ビジネスマネージャーは、LINEのデータだけでなく、企業が保有する顧客データや行動データを一括して収集・統合し、データ管理、データ分析、オーディエンスの共有や作成ができるデータ活用基盤です。ブランドを横断したプロモーションやキャンペーンを実施して、効果的で最適なコミュニケーションを実現します。

LINE内外のデータを活用してLINEでのマーケティングに活用する。

LINE内・外のデータを利用してできること

- 複数のブランドを横断してメッセージや広告配信することで、クロスセルによる客単価向上を狙う
- ブランドAでメッセージのクリックなどの反応のよい友だちと類似するユーザーに、ターゲットが近いブランドBのLINE広告（友だち追加）を配信することで、アクションする見込みの高いユーザーに対して効率的にアプローチする
- ECサイトの会員登録済みユーザー限定、あるいは購入済みユーザー限定のメッセージやクーポンなどの特典を配信し、継続購入を促す

※「ビジネスマネージャー」は、LINEの法人向けサービスを通じてLINE社がユーザーの許諾を得て取得したデータと、広告主が持つ自社データを統合して管理できるサービスです。ビジネスマネージャーで連携できるデータは、すべて企業が個別にユーザー許諾取得済みの情報となります。

活用例①複数のLINE公式アカウントのオーディエンスをLINE広告に連携する

複数のLINE公式アカウントを運用していて、それぞれのターゲットユーザーが類似している場合、ビジネスマネージャーを以下の図のように使うことで、LINE広告（友だち追加）の配信に活用できます。

興味関心セグメント配信との比較　**CTR 3倍　CPC 17％削減**　※クライアント調べ

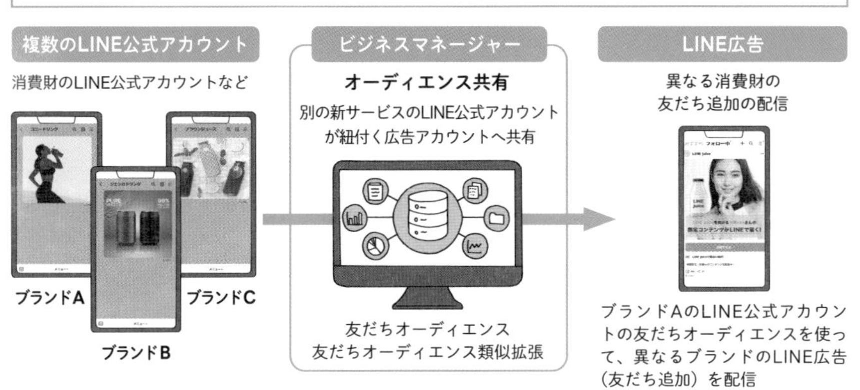

※実際のクリエイティブを参考に、傾向を一般化した内容となります。
※紹介している内容は配信効果を保証する内容ではありませんのでご注意ください。

ビジネスマネージャーに接続されているLINE公式アカウント同士で、オーディエンスを共有できます。ブランドごとのターゲットユーザーが類似している場合などに、それぞれの友だちオーディエンスや友だちオーディエンスの類似拡張を共有し、LINE広告（友だち追加）を配信できます。

ある消費財メーカーでは、複数あるブランドのLINE公式アカウントの友だちオーディエンスとその類似拡張を使って、ターゲット層が類似している別のブランドからのLINE広告（友だち追加）を配信しました。その結果、興味関心セグメントのみで配信した場合と比較してCTRが３倍に増加し、一方でCPCは17％低下しました。ターゲット層が類似している別のLINE公式アカウントのデータを用いたことで、配信結果が改善したと考えられます。

このような場合におすすめ

- 企業および、ブランドごとのLINE公式アカウントを運営している
- 複数ブランドで似た属性のユーザーをターゲットとしている
- LINE公式アカウントの友だちを広告で効率よく獲得したい

次のページに続く

活用例②ECモールの購入者データとLINE公式アカウントを連携して、セール情報などを配信する

ECモールに出店している場合、そのECモールでの購入履歴から抽出した電話番号をビジネスマネージャーにアップロードし、LINE公式アカウントからの購入履歴がある友だちに対してメッセージ配信を行うことで、配信効果を高められます。

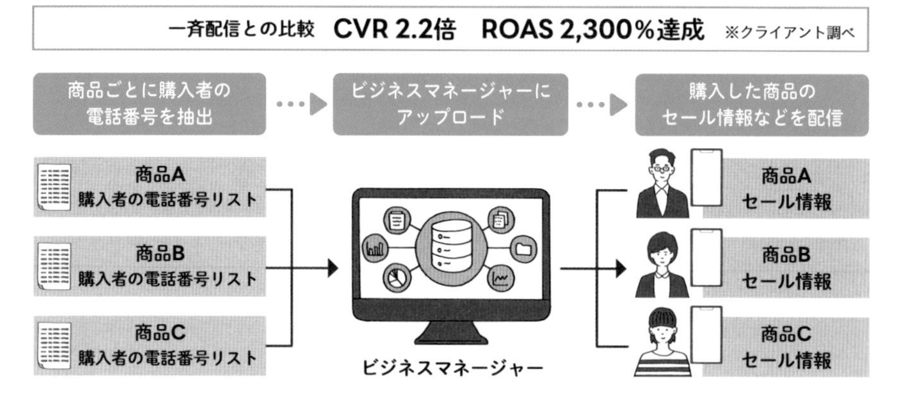

※実際のクリエイティブを参考に、傾向を一般化した内容となります。
※紹介している内容は配信効果を保証する内容ではありませんのでご注意ください。

あるEC通販企業では、ECモールでの購入者の電話番号をビジネスマネージャーにアップロードし、「過去1年間の商品別の購入者」でオーディエンスを作成しました。そして、LINE公式アカウントから、商品Aの購入者には商品Aのセール情報を、商品Bの購入者には商品Bのセール情報を、という形で購入履歴に合わせてメッセージを配信しました。すでに購入しており、商品への関心が高いユーザーに情報を配信することで、一斉配信と比較して開封率は51.8％で1.2倍、クリック率は27.0％で1.2倍、開封率とクリック率を掛け合わせた数値は14.0％で1.4倍という効果が得られました。CVRとROAS（広告の費用対効果）については、一斉配信と比較してCVRが2.2倍、ROASは2,300％という実績を記録しています。このように自社が保有するデータをビジネスマネージャーに統合することで、顧客に合わせたコミュニケーションを実現できます。

このような場合におすすめ

- 購入者データを活用してLINE公式アカウントからセグメント配信したい
- LINE公式アカウントからのCVR、ROASを高めたい
- 商品が複数あり、商品ごとに顧客が付いている

熊本ラーメン 黒亭

LINE公式アカウントを友だち追加

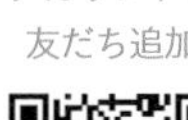

ショッピング・小売店　飲食店・レストラン

熊本県内に4店舗を展開する、昔ながらの手作りで優しい味を守り続けているラーメン店。実店舗のほかECサイトでも商品を販売

目的	店舗集客とオンラインショップの販売促進
友だちの集め方	・店舗の客席に友だち追加のQRコードが記載されたPOPを設置 ・接客時にも直接、声をかけて案内 ・HPなどに友だち追加ボタンを設置 ・新規店舗ではLINE公式アカウントの「友だち追加広告」を活用
活用機能	メッセージ配信、クーポン
運用人数	2名

LINE公式アカウントの運用・設定方法

▷ クーポン

01 友だち追加後に自動配信される「あいさつメッセージ」でトッピングが無料になるクーポンを配信

02 「メッセージ配信」では、月内であれば何度も使用できるバースデークーポンなどを配信しているほか、「カードタイプメッセージ」では、使用可能なクーポンを並べて一覧として見せることで来店に誘導

03 利用ユーザーが多かったクーポンは「リッチメニュー」にも固定で掲載

▷ メッセージ配信

01 10日に1回の頻度で配信

02 クーポン配信を中心に、毎月7日の「黒亭の日」にはメリット訴求、新メニューの告知などにも活用

03 配信管理は本部で一括管理し、前月に配信スケジュールを決定。緊急で営業時間が変更になった際などは各店舗で配信を実施

次のページに続く

ピクシーラッシュ

Pixie Lash

LINE公式アカウントを友だち追加

美容・サロン

神奈川県中郡二宮町のアイラッシュサロン。女性のニーズに応えるさまざまなメニューを提供

目的	集客施策として、コスト削減を行いながらユーザーとのコミュニケーションをより深めたい
友だちの集め方	来店時、ショップカードと同時に友だち追加を案内
活用機能	メッセージ配信、ショップカード
運用人数	1名

LINE公式アカウントの運用・設定方法

▷ ショップカード

01 初回から3回目までの来店率を向上させるために活用

02 初回来店時は必ず「ショップカード」を案内し、同時に友だち追加を促進

03 初回の発行時に2ポイントを付与し、特典としてメニューのセット割引やオプションが無料になる有効期限3カ月のクーポンを発行。2回目の来店の際にも特典を付与して3回目の来店を促す

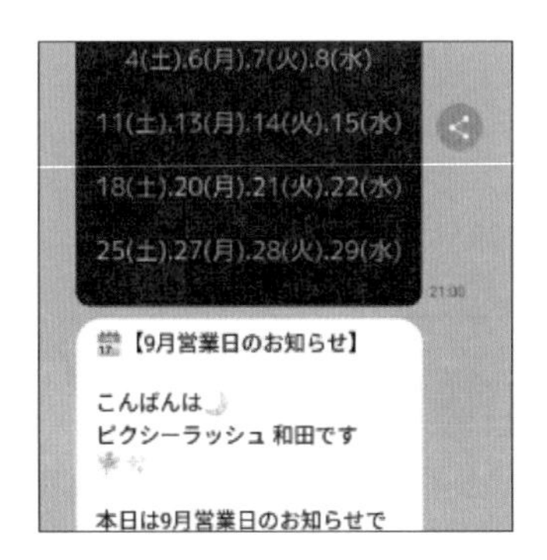

▷ メッセージ配信

01 月に最低1度は一斉配信で当該月の営業時間に関する案内を配信

02 スマホ画面をスクロールしなくてもすべての情報が見えるよう意識し、「リッチメッセージ」での画像とテキストの順番で配信

03 1つのメッセージに対して、伝えることは1つに限定。予約誘導の際はチャットを案内

高度な活用・業界別ノウハウ

LINEのビジネス活用事例と、LINE公式アカウントの
利用率が高い「飲食」「理美容・サロン」「EC・小売」
の業界別ノウハウを紹介しています。

LINE Frontliner | 野田大介

友だち1,000人を 突破するまでに必要な対策と、 効果的なメッセージ配信

LINE公式アカウントを開設してすぐに設定すべきことや、効率的な友だちの集め方、成果を出すためのメッセージ配信について、マーケティング支援を行う株式会社ファナティックの代表でLINE Frontlinerの野田大介氏に伺いました。

LINE公式アカウントの開設後、やっておきたい3つの設定

──LINE公式アカウントの開設後、最初にやるべきことを教えてください。

野田　初期設定をきちんと行いましょう。初期設定ができていないLINE公式アカウントは意外に多くありますが、LINE公式アカウントの概要が分からないとユーザーは友だち追加をためらってしまいます。初期設定は「自己紹介」と捉えてください。

まずは「プロフィール」(Q.10／P.044) の設定です。飲食店なら、住所、営業時間、テイクアウトの有無などの基本情報は必ず入力してください。またプロフィール画像と、その下に表示される「ステータスメッセージ」も重要です。店舗であればここに地域名や業種名を入れておくと、LINE内での検索対象となります。

プロフィールの「ボタン」はトークのほか、通話やサービスページなど、LINE公式アカウント経由で連絡を取りやすいものに表示を変更できます。プラグインを追加すれば、メニュー画像やショップカードなど、業種に合わせたコンテンツの表示も可能です。

「あいさつメッセージ」(Q.11／P.046) もデフォルトのまま使っているLINE公式アカウントが多いですが、クーポンを付ける、カードタイプメッセージでメニューを紹介する、今後配信するメッセージの内容をお知らせするなど工夫してください。

「リッチメニュー」(Q.15／P.056) も最初に設定しましょう。飲食店なら新メニューを伝えるなど、業種に応じて設定してください。反対に、リッチメニューで他のSNSに意図なくリンクさせるのはオススメしません。URLを指定するとブラウザーが開いてアプリに誘導されるため、ユーザーが離脱する原因になるからです。

LINEは他のSNSと比べても、ユーザーの来店や購入といった目に見える反応が出やすい傾向があります。ただし、初期設定をおろそかにしたままで、メッセージ配信の頻度も少ないと、なかなか成果が出ないので注意が必要です。

［初期設定と友だち追加ボタンの設置場所］

プロフィールの「ボタン」はカスタマイズできる。

提供サービスに合わせて「リッチメニュー」を設定する。

ECサイトのさまざまな場所に「友だち追加ボタン」を設置する。

友だちの集め方と、集める友だち数の目安

──友だちを集めるにはどのような施策が有効でしょうか？

野田　まずは既存ユーザーの目に触れるあらゆるところで、友だち追加の案内（Q.16／P.059）をしてください。店舗であれば、POPやカードの利用、声がけをするだけで、友だちは一定数集まります。

ECサイトには、友だち追加のボタン（Q.17／P.062）を設置しましょう。フッターに入れるケースが多いと思いますが、ヘッダーやモバイルサイトのハンバーガーメニュー（「三」マーク）にも設置するのがオススメです。他にも、会員登録完了ページや購入完了ページや、メルマガのヘッダー・フッターにも入れられます。予算があれば、「友だち追加広告」（Q.18／P.064）の利用も検討してください。

──企業の規模や業種によって、友だちの数の目安があれば教えてください。

野田　小さな店舗なら100～1,000人未満の規模がほとんどです。前述したような施策をすべて行っても、広告なしで友だち数を増やし続けるのは難しいでしょう。

小規模のブランドであれば1,000～1万人、業界では知名度のあるブランドなら1万～10万人が自然に増やせる友だち数の目安です。ナショナルブランドであれば、それほど知名度がなくても広告やツールの活用で10万人を超えることも可能です。

しかし、友だちの数は実はそれほど大事ではありません。関係性の薄いユーザーを増やすよりも、自社の商品やサービスに関心の高いユーザーとつながるほうが重要です。特に、LINE公式アカウントは従量課金制のため、むやみに友だちを増やすとメッセージの配信料が上がり、負担になるケースもあります。LINEプロモーションスタンプを活用する際は、LINEのIDとECサイトの会員情報との連携やアンケートの回答など、後々活用できる情報を得られるメニューのほうが、関係性の深い友だちを獲得できます。

ブロックを恐れない、攻めのメッセージ配信

──ブロックが怖くてメッセージを配信できないという声もあります。

野田　少し厳しい言い方ですが、ブロックを恐れてメッセージを配信しないのは本末転倒です。配信後にブロックされるなら、むしろそのユーザーに感謝すべきです。なぜなら、関係性の深い・浅いに関係なく、メッセージを配信するのにかかるコストは同じだからです。どうせメッセージを配信するなら、自社の商品やサービスに関心の高い友だちだけを集めたほうが、配信効果は高くなります。

LINE公式アカウントのスタンダードプランなら、月に3万通まで無料メッセージが送れます（Q.05／P.034）。セールの開催や新商品の発売などが控えているとき、友だちが1万人未満なら通数制限は気にせずに全配信してもいいでしょう。他には、カードタイプメッセージで新商品を案内するだけでも効果があります。一方、配信頻

［LINE公式アカウントの運用で重視するポイント］

度が高く、無料通数を超えそうな場合は、セールの告知は優先度高、新商品の情報は優先度中というように優先度をつけて、月ごとに配信計画を立ててください。

友だちが1万人を超えたら、セグメント配信するのも効果的です。ただし、手動で管理する場合はメッセージを出し分けすぎると逆に工数がかかるので、「利用店舗別」「ブランド別」くらいの粒度でセグメントしたほうがよいでしょう。

──オススメの配信時間はありますか？

野田　お昼の12時ちょうどに配信するLINE公式アカウントが多いので、数分ずらして配信するのはよくあるテクニックです。いろいろ試したところ、テレビCMのタイミングを狙うとメッセージの開封率が高くなることが分かりました。特に番組の合間のCMが長くなる時間帯はスマートフォンを手に取る人が多く、開封されやすいです。

LINEの特性を生かした配信をしよう

──店舗型のビジネスで、LINEと共存させるべきアナログ施策はありますか？

野田　店舗では意図しない商品との出会いがあり、それも楽しみの1つです。来店時のワクワク感をLINE上で提供できるように、あえて情報を出しすぎないようにしたり、店舗だけの限定品をお知らせしたりする配信も効果的でしょう。

──他のSNSにはないLINEのメリットと、今後の可能性について教えてください。

野田　他のSNSは、アルゴリズムによる調整で宣伝投稿が表示されにくい場合があります。しかし、LINEは友だち全員にメッセージを配信でき、これは圧倒的なメリットです。

LINEは今後、コミュニケーションアプリとしてさらに進化するでしょう。そのとき、LINE公式アカウントを開設していないのは大きな機会損失です。まずは基本的な運用をしっかり整えて、ユーザーに自社のLINE公式アカウントを見つけてもらいましょう。

PROFILE

野田大介 氏

LINE Frontliner ／株式会社ファナティック 代表取締役

ファッション誌の編集、スニーカーブランドの生産管理、アパレルブランドでの通販責任者を経て、2016年に株式会社ファナティック設立。大手アパレル通販のリニューアル支援や売上改善の傍ら、2017年にLINE公式アカウントのセグメント配信ツール「ワズアップ！」を開発。「安価でサイト側の改修も必要なく、運用の手間もなし」というツールの特徴を生かして、圧倒的効果を誇るLINEのセグメント配信を中小規模の事業者にも提供中。

LINE Frontliner | 中根志功

顧客理解とユーザーコミュニケーションをもとに効果を高める、LINEのサービス活用術

LINE公式アカウントやLINEミニアプリを中心とする、ユーザーのニーズや心理にフィットした最適なコミュニケーション設計について、株式会社originalsの代表でLINE Frontlinerの中根志功氏に伺いました。

顧客理解を重視してコミュニケーションを考える

── 中根さんの経歴やお仕事についてご紹介ください。

中根　前職では、2021年９月まで大手日用品メーカーに在籍し、LINEミニアプリを活用した取り組みをしていました。2018年に株式会社originalsを創業してからは、商品やサービスを"定番"として使い続けてもらうために、「顧客理解」を重視したデジタル化の支援をしています。

── 中根さんが顧客理解を重視している理由は何でしょうか？

中根　お客さまによって商品を購入する理由がそれぞれ異なるからです。同じブランドの化粧品を購入するお客さまでも、販売店で特定の店員から買いたい人（プロセス重視）、普段使いするため買い忘れがないようにしたい人（プロダクト重視）など、ニーズはさまざまです。オンラインコミュニケーションもユーザー一人ひとりに合わせたアプローチが必要で、そのためには顧客理解が何より重要となります。

６つのポイントで顧客理解を実践

── 顧客理解のためのチェックシートを作成いただきました。

中根　❶は、対象者とインタビュアーが1対1で行う「デプスインタビュー」を新規顧客に実施したかどうかです。コロナ禍を経てお客さまの行動が大きく変わり、実施すべき集客・販促施策も変化しています。顧客理解に関心がある企業・店舗は、ユーザーが商品やサービスをどうやって知り、購入に至ったのかなどを理解するために、こうした調査を実施してほしいと思います。

[顧客理解のためのチェックシート]

- □ ❶ 2020年のコロナ禍以降、新規顧客へのデプスインタビューを行った。
- □ ❷ 販売金額や販売数量だけでなく、年間購入者数や月間サービス利用者数を計測できている。
- □ ❸ ユーザーが能動的に情報を受け取ってくれるタイミングや時期を理解している。
- □ ❹ 顧客と以下の手段で対話ができている（インプットに対してアウトプットもできているか）。
  ① 問い合わせ（電話）　② チャット　③ アンケート
  ④ LINEのメッセージやメール
- □ ❺ 顧客がどのような＃ユーザータグを使って情報発信しているかを把握している。
- □ ❻ LINE公式アカウントから、＃ユーザータグやクチコミを提供できている。

❷は、自社の商品やサービスをどれくらいの人が購入・利用しているのかをさまざまな指標で把握することで、施策を実行する際の予測や判断がしやすくなります。仮に今売上が減っていても、利用者が増えていれば、売上を回復させることができます。

❸は、企業・店舗が発信した情報を、ユーザーが進んで受け取ってくれるかどうかに直結します。ライフスタイルが多様化する現在、ユーザーに情報を確実に届けるには、受け手のタイミングが重要です。このタイミングを事前に確認して一人ひとりに都合のよい時間にメッセージ配信できると、おのずと開封率は高くなります。

❹は、ユーザーと対話ができているかを段階別に示しています。メーカーであれば、電話での問い合わせ対応を行うコールセンターに加え、チャット対応をしているか、LINEのアンケートでユーザーの声を聞いているか、複数のタッチポイントでコミュニケーションができているかなどをチェックしてください。さらに、収集した情報を受けてLINEのメッセージやメールで情報発信できているか確認しましょう。

❺は、自社の商品やサービスが、SNS上でどのように語られているかの理解度に関わります。＃（以下ユーザータグ）の設計をしてSNSを運用できている企業・店舗は少数ですが、ユーザーの自発的な情報発信を確認すべきです。例えば、SNSで自社の商品やサービスに関する投稿に含まれるユーザータグを見れば、そこから利用シーン

などが分かり、集客・販促施策のヒントが得られます。

❻は、LINE公式アカウントの発信で、ユーザーの生の声を含めた情報を届けられているかです。商品についてさまざまな情報を体系立ててまとめるのが自社サイトの役割だとすると、LINEではお客さまの生の声をリアルに伝えるとよいでしょう。

具体的に言うと、リッチメニューから❺で発見したSNSのタグに外部リンクすれば、LINE公式アカウントを友だち追加したユーザーにオーガニックなクチコミを見てもらうことができます。適切なハッシュタグがない場合は、キャンペーンを実施して特定のハッシュタグを付けた投稿を促すことで、ユーザーの生の声をSNS上で増やすことができます。

ネイティブアプリ不要！ LINEミニアプリを生かす

── ユーザーとのつながりを強化する上で、LINEの強みをもっとも発揮しやすいサービスを教えてください。

中根　LINEミニアプリはぜひオススメしたいと思います。LINEのユーザーであれば数タップでLINEミニアプリを利用開始でき、LINE上でさまざまな機能を使えるので、別途アプリをダウンロードする必要はありません。日本でLINEを毎月使っているユーザーは9,500万人（2023年３月末時点）いるので、設計次第では導入後のアクティブ率もネイティブアプリ（自社アプリ）より期待できますし、顧客にプッシュ通知付きでアプローチできるのも利点です。

▷ LINEミニアプリ

LINEミニアプリについては、Q.37（P.114）などで解説しています。

リッチメニューにユーザーが求めるコンテンツを配置する

── LINE公式アカウントの先進的な活用事例について教えてください。

中根　株式会社タカラトミーでは、LINE公式アカウントを各種ブランドを包含した、企業ブランドアカウントで開設・運営しています。しかし、当然ですがブランドのファンによって求める情報が異なります。そこで、originalsが提供しているツール「La Nature」（以下ナチュール）を用いて開発を行い、リッチメニューを着せ替えできる機能を活用しています。特定のブランドの新商品情報や活用例など、ユーザーが知りたいコンテンツにワンタップでアクセスできるリッチメニューをブランドごとに切り替え式で用意しており、ユーザーが好みに合わせて設定できます。

LINE公式アカウントのメッセージはプッシュ通知できますが、リッチメニューを活用することで、ユーザーが自ら知りたい情報を取りに行くプル型のコンテンツも用意できます。LINE公式アカウントのリッチメニューは、他のSNSにはないLINEならではの機能です。ナチュールは有償のツールで、タカラトミーの着せ替えられるリッチメニューも同ツールを利用しています。一方で、リッチメニュー（Q.43／P.128）は無料で利用できる範囲でも工夫ができるので、ぜひ活用してほしいです。

メインメニューは共通。1 タブで切り替えるサブメニューはユーザーの好みで着せ替えられるブランド別のメニューとなる。

LINEミニアプリで店頭起点の顧客接点を増やす

──LINEミニアプリの最新活用事例を紹介してください。

中根　中国には白酒（バイジュウ）という伝統的なお酒があります。これを日本で生産して「百花百獣（ヒャッカヒャクジュウ）」というブランドで販売を開始しました。メインターゲットは外国人観光客で、その方々に向けて、LINEミニアプリを個別開発して提供しています。

このLINEミニアプリでは、ARカメラを起動でき、商品がARのマーカーとなり、カメラで読み取ることでARコンテンツを表示できます。商品がお土産としてプレゼントされることを想定し、贈られた人がAR撮影して誰と、どこで飲んだのかを贈り主に伝えられるようにしました。また、ARコンテンツで撮影した画像はSNSなどにシェアできるため、UGC（ユーザーが作成したコンテンツ）としてクチコミ効果も期待できます。

ARカメラを使うためのLINEミニアプリを起動するには、専用のQRコードを読み取ります。QRコードは商品に同梱されているリーフレットや、販売店のポスターなどに印刷し、顧客接点がある場所にこれらのQRコードを掲示して、LINEミニアプリに誘導しています。

また、このLINEミニアプリは利用のハードルを下げるために、ARカメラとシェア、ECサイトの3つの機能だけに絞り、シンプルにしました。他にも外国人観光客をターゲットにしていることから、商品に同梱しているリーフレットにはLINEミニアプリを起動するためのQRコード以外に、現地アプリに対応したQRコードも載せています。さらに、日本に居住する外国人や訪日外国人が利用しやすいように、英語と中国語に多言語対応しているのがポイントです。

LINEミニアプリの起動用QRコードと中国現地のアプリのQRコードを印刷している（上）。LINEミニアプリを起動し、ARをタップするとARコンテンツが表示される（右）。

PROFILE

中根志功 氏

LINE Frontliner ／ Originals&Co. 代表取締役

2001年カネボウ株式会社入社。2014年DMP導入・運用。2016年花王株式会社DMC出向。横断型CRMプロジェクト発足（花王／カネボウ化粧品／花王Gカスタマーマーケティング）。同年8月カネボウ化粧品『スマイルコネクト』店頭連携アプリとスマホで肌水分が計れる『肌水分センサーデバイス』を開発／導入。OMO_CRMアプリ開発、PM担当。2020年KANEBO、LUNASOL、SENSAIブランド、2021年estブランドLINEミニアプリ開発。現在は花王を退職して、2018年に自身が立ち上げたOriginals&Co.の代表に専念。DXコンサルティング、DX戦略マップ策定、オリジナルCX開発支援などLINEプラットフォームの活用に従事。

LINE Frontlinerが語る

業界別ノウハウ

ここからは、LINEの法人向けサービスの利用実績が多い
「飲食」「理美容・サロン」「EC・小売」の業界ごとに、
3人のLINE Frontlinerに聞いた活用ノウハウを紹介します。

飲食編

野尻 猛氏
株式会社 CRM マーケティング
代表取締役社長

ドラッグストアの経営企画の責任者、飲食FC本部の経営戦略室の責任者を経て、2005年に株式会社クラブネッツ入社。NBや新規顧客創出専門のメディア事業本部を設立。マーケティング戦略やCRM施策に関わる中で、LINE事業でも営業戦略・有効活用事例づくりなどに多く関わる。

理美容・サロン編

奥川哲史氏
株式会社 AViC
第1マーケティングDX本部 本部長

株式会社アイトリガーに新卒入社し、ダイレクトレスポンス領域のクライアントを中心に担当。2017年にチャットボット広告「Penglue」を立ち上げ、LINE公式アカウントを活用した新規獲得・LTV向上の支援に従事。2022年6月より株式会社AViCにて活動中。

EC・小売編

倉橋美佳氏
株式会社ペンシル
代表取締役社長 CEO

株式会社ペンシル入社後、ダイレクトマーケティング支援を得意とし、ECサイトを中心に総合的なWebコンサルティングに従事。LINEを使ったコミュニケーション設計支援や研究事例を持つ。2016年、代表取締役社長に就任。ダイバーシティやDXを軸にグループを牽引。

業界別ノウハウ｜飲食編

まずは3カ月、LINE公式アカウントの基本機能を使い倒して成果を上げよう

飲食業界のLINE活用に詳しい野尻猛氏は、**「飲食業界の客足がコロナ禍以前に戻ってきており、顧客の囲い込みと情報発信が来店率や売上の向上に大きく影響する」**と話します。そのための具体的な施策となるメッセージ配信やクーポン、ショップカードのノウハウを伺いました。

顧客の囲い込みと情報発信を徹底的に行う

これまでの飲食店コンサルティングの経験から言えることは、飲食店のLINE公式アカウント運用で、3カ月間、徹底的に友だち集めと情報発信をして、4カ月目以降に成果が出なかった事例はありません。3カ月というのは、再来店が起こるまでの期間の1つの基準でもあります。**LINE公式アカウントを友だち追加してもらうことで、顧客を囲い込むことが可能です。また、囲い込んだ顧客には、LINE公式アカウントからメッセージを配信でき、再来店を促せます。**

発信する内容は「店舗に関する情報」にしましょう。飲食店側が顧客に広く認知されていると思っている情報は、実際には認知されていないケースがほとんどです。とある飲食店では、赤ちゃん向けのフードサービスを提供していました。赤ちゃん連れの顧客に好評だったため、店舗側はそのサービスが多くの顧客に認知されていると思っていましたが、実際にアンケート調査をしてみると、認知していたのは約半分にとどまりました。ですから、素材や調味料へのこだわり、季節に合わせたコースメニューのアレンジ、盛り合わせの内容を自由に変えられるサービスなど、店舗が工夫している情報を意識して、徹底的に伝えてください。「当然知っているだろう」と思い込まず、メッセージとして伝えることで、来店率の向上につなげられます。

なお、飲食店の場合、カードタイプメッセージ（Q.48／P.140⏲）のカードタイプ「プロダクト」でメッセージを配信するのがおすすめです。新メニューやおすすめ商品の写真、値段、説明を入れて紹介できます。同じくカードタイプメッセージのカードタイプ「パーソン」（Q.49／P.142⏲）は、スタッフ紹介におすすめです。リッチメッセージも画像を使ってメニューを紹介できるので、ぜひ活用しましょう。

⏲マークの項目は「試してみよう」内で作業の所要時間の目安を紹介しています。

クーポンは少しの工夫で利用率を改善できる

LINE公式アカウントから配信するクーポン（Q.44／P.130）は、クーポンの割引率を上げなくても、ひと工夫することで利用率を高められます。

ある店舗では、配布チラシと店舗内のポスターに友だち追加用にQRコードを掲載し、どのQRコードで追加したかが分かるように、友だち追加経路のパラメーターを設定しました。チラシ経由の友だちは来店していない人も含まれますが、店舗経由の友だちは一度は来店している顧客です。そこで、チラシ経由のユーザーには、売上トップ3のメニューを紹介しつつ、3品注文すると100円引きとするクーポンを配布し、店舗経由のユーザーには、新メニューの注文で100円引きとするクーポンを配信しました。その結果、全員に500円引きクーポンを配布していたときは0.7%だったクーポン利用率が、3.8%に向上しました。

ユーザーは、**割引よりも来店するきっかけとなる情報が欲しい**のです。そのためには、どのような経路からLINE公式アカウントを友だち追加したのかを把握することが大切です。**経路別に友だち追加したユーザーに発信する情報を出し分けることで、来店するきっかけを作る行動喚起を促せます**。例えば、配布チラシから友だち追加したユーザーには、人気メニューと割引クーポンをセットで、店頭ポスターからであれば、新メニューのメッセージを配信することで来店を促せます。とある店舗では、こうした工夫で全体の売上が3カ月で10％増加しました。

試してみよう

新メニューなどを紹介したいときには、カードタイプメッセージの配信などがおすすめです。以下を参考に試してみましょう。

- **Q.44 客足が落ちる曜日や時間帯の来客を増やしたい。（P.130）** 所要時間20分
- **Q.48 複数の商品をまとめて、ユーザーの印象に残るように紹介したい。（P.140）** 所要時間20分
- **Q.49 店舗のスタッフを紹介して、指名を増やしたい。（P.142）** 所要時間30分
- **LINE for Business - 友だち追加ガイド** 所要時間30分

https://www.linebiz.com/jp/manual/OfficialAccountManager/gain-friends/

※「友だち追加経路の設定方法」を参照

ユーザーにクーポンを選ばせることで、クーポンの利用率を上げられる。

また、別の事例では、リッチメッセージ（Q.33／P.106）を使って2つのクーポン（Q.44／P.130）のうち、どちらかをユーザー自身が選んで取得できるようにしました。ただクーポンを配布するだけでは、そのクーポンを使うか、あるいは使わないという2択だけになりますが、クーポンAまたはクーポンBと選択肢を掲示することで、ユーザーが自らクーポンを選べるため、クーポンを利用するモチベーションが上がります。この工夫によって、ある店舗ではもともと0.7%だったクーポン利用率が2.2%にアップしました。

ショップカードでリピーターを増やす

飲食店にとって、リピーターの数は売上に大きく影響します。LINE公式アカウントのショップカード（Q.52／P.148）はリピーター獲得に最適な施策です。まずは、2回目以降の来店を促すショップカードについて考えてみましょう。

2回目以降の来店を促すショップカード「ファーストカード」は、3ポイント（次ページの表を参照）ですべてがたまるように設定します。また、カードを取得した時点で1ポイントが獲得済みの状態にし、その日の支払いで2ポイント目を獲得できるようにしてください。すると、次回来店したときにゴールとなり、特典が得られることになるため、2回目の来店を促す効果が期待できます。ある店舗では、これで来店率が14%から27%に上昇しました。

3ポイントのファーストカードをクリアしたら、次は常連化を促すための「ゴールドカード」を用意しましょう。ゴールドカードは10ポイントを上限とし、毎回何らかの特典があるように設定します。ただ、すべてクリアするまでに、平均しておよそ1年くらいかかるでしょう。飲食店には「来店10回の壁」があり、来店8回目のリピート率と比べると来店9回目で落ち込む傾向にあります。そのため、ゴールドカードの8ポイント目のタイミングで常連ならではの特別な体験、例えば「名前入りジョッキの進呈」「誕生日月のお連れ様のドリンク代割引」などを特典として提供し、10回目に向けた来店を促すようにするとよいでしょう。

そして、ゴールドカードをクリアしたら、1ポイントが上限の「VIPカード」にグレードアップし、今後はこのカードを繰り返し使えるようにします。常連の証であるVIPカードには、さらに特別な体験を用意して、VIPカード以外の顧客のモチベーションアップにもつながるようにするのが効果的です。例えば、VIPカードを獲得した顧客の写真を、店内に提示するなどの特典が考えられます。これらの施策により、とある店舗では5年間で売上が2.8倍になりました。

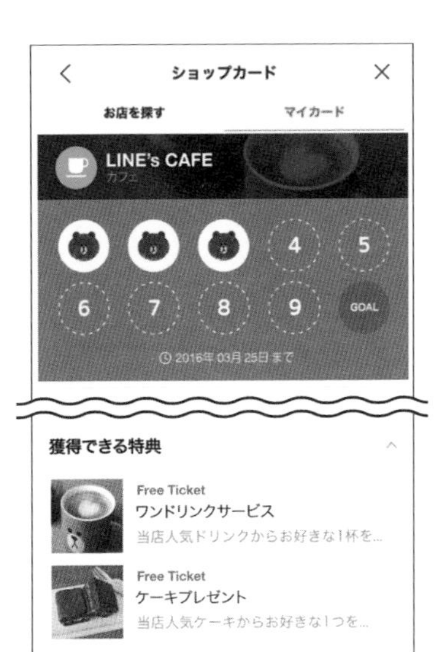

来店や会計ごとにポイントを付与できる。

[ショップカードを活用した来店施策の例]

ショップカードの種類	上限のポイント数
2回目の来店を促す「ファーストカード」	3ポイント
常連化を促す「ゴールドカード」	10ポイント
特別感を演出する「VIPカード」	1ポイント

試してみよう

ユーザーにクーポンを選択させるリッチメッセージや、ショップカードを活用することで、来店を促せます。以下を参考に試してみましょう。

▶ **Q.33 ユーザーの印象に残る、画像付きのメッセージを作りたい。(P.106)** 所要時間20分

▶ **Q.44 客足が落ちる曜日や時間帯の来客を増やしたい。(P.130)** 所要時間20分

▶ **Q.52 リピーター作りを効率的に行う方法を知りたい。(P.148)** 所要時間30分

業界別事例 | 飲食編

LINEミニアプリで属性や注文内容を把握。ユーザーに合わせたメッセージ配信でリピート率向上！

事例詳細

飲食事業を手がける株式会社PrunZは、モバイルオーダー（店内注文）機能を備えた「ダイニー」のLINEミニアプリを導入しました。業務効率が改善されただけでなく、取得した属性や注文データを活用して、再来店を促すメッセージをLINE公式アカウントから配信し、売上の向上を実感しています。株式会社PrunZに話を聞きました。

リピーター1人が2.45人の新規顧客とともに再来店

モバイルオーダーで実際の調理動画を載せることで、注文率を上げている（左）。来店回数や注文内容に合わせたクーポンを配布している（右）。

「ダイニー」のLINEミニアプリの導入で、お客さまは好きなタイミングで注文ができ、店舗側のオペレーションコストを削減できました。注文画面に看板商品の調理動画を追加したところ、注文数が1.5倍に増加するなど、効果を実感しています。

ダイニー利用時にスムーズにLINE公式アカウントの友だち追加を促せるため、10カ月で約4,600人の友だちを獲得し、メッセージの配信効果がアップしました。また、過去に2回以上来店し、ハイボールまたはレモンサワーを注文したことのあるお客さまに対し、サワーの割引クーポンを配信したところ、そのうち11.4％が来店し、1人当たり2.45人の新規顧客を伴いました。

その費用対効果は、メッセージ配信コストの約360円に対して、18万円前後の売上を創出できた計算になります。また、顧客属性、来店人数、注文内容、会計金額がデータで把握できるようになり、再来店施策に活用できるようになったことも成果のひとつです。

業界別事例 | 飲食編

自社アプリとLINE公式アカウント、それぞれの強みを生かして顧客体験向上につなげる

事例詳細

人気居酒屋チェーン「一休」では、2022年9月からLINE公式アカウントの本格運用を開始。メッセージ配信や「LINEで予約」などの活用により、自社アプリと併用しながら情報発信や集客施策を展開しています。その運用について、株式会社一休に話を聞きました。

LINE上で予約できる「LINEで予約」をフル活用

ブランド（左）と店舗（右）で分けて開設しているLINE公式アカウントのリッチメニュー。ブランドのLINE公式アカウントでは、希望のエリアをタップするとカルーセル形式で予約可能な店舗が表示され、店舗アカウントへ遷移する。

LINE公式アカウントと、来店予約をLINE上で行えるサービス「LINEで予約」を活用しています。2021年に自社アプリをリリースしましたが、すべての機能をアプリ内に実装するには、開発・運用の面で課題が多いことに気づきました。そこで、LINE公式アカウントと併用することになり、「居酒屋一休」のブランドのLINE公式アカウントに加え、各店舗のLINE公式アカウントを開設・運用しています。ブランドのほうの友だち数は13,000人で、店舗のほうはトータルで3万人に達しています。

「LINEで予約」は、主に各店舗のLINE公式アカウントから案内し、ブランドのLINE公式アカウント経由の場合も予約希望の店舗のLINE公式アカウントに遷移させています。これにより、月間30件程度だったWeb予約が130〜140件に増加しました。配信されたメッセージを見てそのまま予約ができる手軽さから、電話ではなくLINEで予約する人が増え、店舗の負担が軽減されました。

※事例内の数値や画像などの情報はすべて取材時点のものです。詳しくはQRコードより事例の詳細をご覧ください。

業界別ノウハウ | 理美容・サロン編

予約サイトへの依存から脱却！LINE公式アカウントを顧客接点として活用しよう

理美容・サロン業界のLINE活用に詳しい奥川哲史氏は、「**この業界では大手予約サイトに集客を依存する傾向にあるが、LINEを活用すれば同サイト経由の予約比率を減らして、経営改善につなげられる**」と話します。再来店の促進や予約受け付けを実現するノウハウを、美容室を例に伺いました。

顧客接点をLINE公式アカウントに変えていこう

理美容・サロンのうち、美容室の予約は約４割の人が予約サイト※を利用している一方で、認知経路としては予約サイトは約３割まで下がり、友人のクチコミやSNSで認知するユーザーが多くなっています。このことから、予約サイト以外でサロンを認知したとしても、実際の予約は同サイトで行う人が多いことが分かります。

予約サイトには掲載料などの各種手数料が発生するので、依存状態になると理美容・サロン経営にとっては大きな負担になります。しかも、予約サイト経由での初回来訪者のリピート率は低い傾向にあり、予約サイトの依存度を減らすことは経営改善にもつながります。**まずは、予約サイト以外で認知した人たちの予約ルートを、LINE公式アカウントを中心に変えていきましょう**。

例えば、検索エンジンで検索した際に表示される店舗情報には、住所や電話番号、開店時間といった基本情報を掲載できます。ここにはWebサイトのURLも設定できますが、店舗のWebサイトを用意していない場合、予約サイトの店舗の専用ページのURLを設定しているケースをよく見かけます。これでは、検索経由で店舗を見つけた人も予約サイトを利用してしまいます。そこで、検索結果に設定している予約サイトのURL経由で来店したユーザーに、店舗で直接お声がけするなどして、LINE公式アカウントに誘導するようにしましょう。そうすることで、LINE公式アカウントの友だち追加や、以降の来店予約をLINE経由で行うように促すことができます。

また、LINE公式アカウントを知ってもらうには、LINE広告（友だち追加）も有効です。店舗があるエリアに絞り、顧客ターゲットの属性を指定して広告を配信（Q.21／P.072）すれば、広告経由でのサロンの認知拡大や友だちの集客が見込めます。

※参考：株式会社リクルート ホットペッパービューティーアカデミー「美容センサス2022年上期」

[LINE公式アカウントを活用した理想的な集客導線]

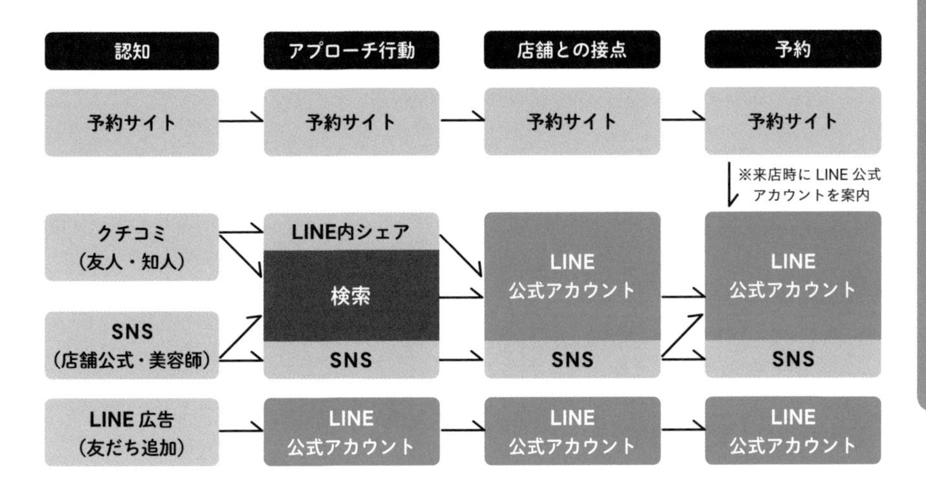

上の図は、LINE公式アカウントを活用した理想的な集客導線を表しています。いちばん上の導線は、認知から予約までのすべての接点が予約サイトになっています。中央と下の集客導線は、予約サイト以外で認知した人への導線です。いちばん上の導線では、ユーザーが来店したときに、LINE公式アカウントを直接案内します。中央の導線でも、SNSのプロフィールに掲載するURLなどをLINE公式アカウントに変更することで、予約サイトを経由せずに、初めのやりとりから予約までをLINE公式アカウントで一貫して行えます。（Q.26／P.090）。このように、予約サイトへの依存度を減らし、LINE公式アカウントを活用した集客導線に重点を置くことを意識して、顧客接点を増やすことが大切です。

試してみよう

LINE公式アカウントを活用して集客導線を増やすには、まずLINE公式アカウントを知ってもらいましょう。また、継続的にやりとりができる強みを生かすのがおすすめです。以下を参考に試してみましょう。

▶ **Q.21 友だち追加広告を配信するユーザーを、さらに絞り込みたい。（P.072）** 所要時間30分

▶ **Q.26 チャットで質問や各種相談を受け付けたい。（P.090）** 所要時間15分

クーポンやショップカードで来店を促そう

LINE公式アカウントが友だち追加されたら、あいさつメッセージ（Q.11／P.046）を配信します。その際、**アンケート形式で来店歴の有無をLINEチャットで返信してもらえるようにし、メッセージを返しましょう**。来店歴のないユーザーには、予約方法の案内、アクセス方法など、店舗に関する基本情報を紹介します。来店歴のある顧客には、今月のキャンペーンやショップカードの情報を紹介します。

予約サイトではなく、LINE経由で予約するユーザーにとってのメリットは、お得感のある割引クーポン（Q.13／P.051）や、最新情報を入手できる点にあります。**LINE経由での予約は新たな予約手段として周知を進めましょう**。その際、予約サイトで提示している割引メニューと同程度か、それ以上のお得感のあるクーポンを用意して、LINE経由で予約するメリットを伝えるのも効果的です。

ショップカード（Q.52／P.148）は再来店を促すのに有効な施策です。理美容・サロンの場合、一般的に4回来店すると、それ以降は継続して来店する常連客となるといわれています。ショップカードはゴールまでの回数を設定できるので、入店4回目をゴールとして、ヘアケア用品などのプレゼントを用意するとよいでしょう。2回目の来店率に課題があるようであれば、2回目の来店でも小さなプレゼントを用意してください。

リッチメニューには、ショップカード、今月のキャンペーン情報、予約などを配置するのがおすすめです。リッチメニュー（Q.43／P.128）の設定はそれほど難しくないので、本書の解説を見ながらぜひチャレンジしてみてください。

試してみよう

LINE公式アカウントを活用して来店を促すには、あいさつメッセージの配信やショップカードとリッチメニューの作成がおすすめです。以下を参考に試してみましょう。

- **Q.11 友だち追加してくれたユーザーに、最初にお礼を伝えたい。（P.046）** 所要時間10分
- **Q.13 友だちにメッセージと一緒にクーポンを配布したい。（P.051）** 所要時間20分
- **Q.43 リッチメニューを美しく仕上げたい。（P.128）** 所要時間40分
- **Q.52 リピーター作りを効率的に行う方法を知りたい。（P.148）** 所要時間30分

LINEでの予約受け付け手段は3つある

理美容・サロンの場合、LINE公式アカウントからのメッセージ配信は、月1回でも十分です。その月のキャンペーン、おすすめのカットやカラーなどをお知らせしましょう。カットやカラーについて情報発信するときは、カードタイプメッセージ（Q.48／P.140）がおすすめです。**許可を得た顧客の施術写真を配信するとリアルな雰囲気があり、目を引くことができます**。月1回以上配信したい場合は、キャンペーン情報ではなく、地域の情報やスタッフ紹介といった異なるトピックにすれば、週1回くらいのペースでも多すぎるとは思われないでしょう。

なお、LINE公式アカウントでの予約受け付け手段としては、大きく3つあります。1つ目は、LINEチャットでお客さま一人ひとりとやりとりをする方法で、無料で利用できます。2つ目はLINE公式アカウントの拡張機能、3つ目はLINEミニアプリを活用する方法です。

LINEチャットは、人数が増えると管理が複雑になることがあります。その点、LINEミニアプリは便利で利用者も使いやすいのですが、POSレジとの連携などいくつかの導入ステップが存在します。**小規模店舗がお手軽に予約管理を行いたい場合は、LINE公式アカウントの拡張機能（有料）がおすすめ**です。拡張機能は以下に紹介するLINEマーケットプレイスから探すことができ、理美容・サロンに合った機能がいくつか公開されています。多くがLINE公式アカウントからそのまま予約、確認、キャンセルまで行えます。メールやフォームなど、LINE以外のアプリを利用することなく予約ができることがメリットです。

月額数千円から利用できるLINE公式アカウントの拡張機能を探せる。

▷ **LINE マーケットプレイス**

https://line-marketplace.com/jp/app

業界別事例 | 理美容・サロン編

LINE経由の予約特典やWebサイトの案内で、県内美容室トップの友だち数に

事例詳細

新潟県長岡市に店舗を構える美容室「L'la citta」(ララチッタ)は、予約サイトを利用せず、LINE公式アカウントのチャットで予約を受け付けているほか、さまざまなメッセージやクーポンの配信で顧客とのコミュニケーションを行い、LINE公式アカウントの開設から8年で約3,400人の友だちを獲得しました。ララチッタのLINEの活用について、同店に話を聞きました。

友だち追加した後、ブロックされないために情報発信を工夫

2013年に開業したララチッタでは、翌年からLINE公式アカウントを開設しました。開設した狙いは、顧客対応の改善にあります。もともと2名で店舗を運営していたこともあり、施術中は電話での対応ができませんでしたが、LINE公式アカウントのLINEチャットで予約を受け付けることで、この課題に対応しました。

また、SNSを使った告知のほか、LINE経由で予約した顧客がサイコロを振ってキャッシュバックを受けられるポイントシステムなど、ユーザーにとって魅力的な特典を提供し、友だちの数を増やしてきました。さらに、WebサイトでもLINE経由で予約できることを告知したところ、友だち獲得数が3倍になりました。

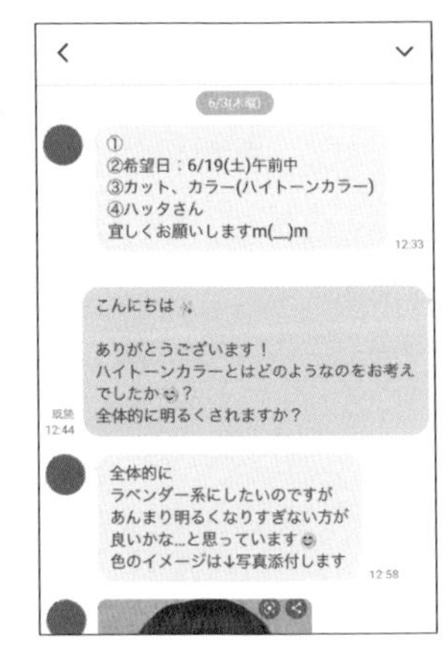

予約に関する返信はLINEチャットを使い、スタッフ全員で担当している(写真は管理画面のイメージです)。

月に1回の投稿に加え、不定期のキャンペーンやクーポンを配信することでユーザーの関心を引き続けています。また、LINE経由の予約特典としてヘアカラーの際に対面の「パーソナルカラー診断」を無料で提供しています。後日LINEチャットでアンケートを送り、顧客一人ひとりとやりとりして継続的な関係構築を目指しています。

業界別事例 | 理美容・サロン編

使いやすさと利便性を考慮してLINEミニアプリに移行。来店率・リピート率の向上に大きく貢献

事例詳細

「efface」（エファッセ）は地域密着型のサロンとして、埼玉県内で美容室やアイラッシュサロンなど6店舗を展開しています。従来は理美容・サロン特化型のPOSシステムと、POSに連携している標準アプリを利用していましたが、標準アプリのアクティブ率に課題を感じて、2021年6月よりLINEミニアプリを導入。LINEを活用した取り組みについて、話を聞きました。

予約後のリマインドと来店後のお礼メールを自動送信

effaceでは、理美容・サロンに特化したPOSシステム「Salon Answer」を導入し、同システムの標準アプリを使っていましたが、アクティブ率に課題を感じるようになりました。そこで、ユーザーにとって身近なツールでコミュニケーションを強化できないかと考え、2021年6月にSalon AnswerのLINEミニアプリを導入しました。

このLINEミニアプリは、LINE経由での予約やデジタル会員証の提示でポイント付与などができます。現在は全体の3割強が標準アプリから移行しており、今後はLINEミニアプリへの一本化を目指しています。さらに、Salon Answerと連動しているため、LINE経由でサロン予約したユーザーに、effaceのLINE公式アカウントから予約のリマインドメッセージや、来店後のお礼のメッセージが自動配信されます。その結果、予約後にキャンセルせず実際に店舗を訪れる来店率、リピート率がいずれも90%以上になりました。

effaceが利用するSalon AnswerのLINEミニアプリ。来店の予約ができるほか、会員証としても使える。

※事例内の数値や画像などの情報はすべて取材時点のものです。詳しくはQRコードより事例の詳細をご覧ください。

業界別事例 | **EC・小売編**

メッセージの出し分けで、リピート率を大幅改善。LTV向上でECサイトの売上がアップ

EC・小売業界のLINE活用に詳しい倉橋美佳氏は、「**コミュニケーションのデジタル化、顧客データの活用、そしてアプリ活用がEC・小売業界のトレンドになっている**」と話します。これらのトレンドを踏まえたLINE公式アカウントの活用と売上アップのノウハウを伺いました。

手軽で楽しいLINEらしいメッセージ配信をしよう

LINE公式アカウントを運用すると、友だちになったユーザーのデータが蓄積され、ユーザーの行動や属性に合わせたコミュニケーションが可能になります。ECサイトや小売では、まず次の2つの施策に取り組むことをおすすめします。

1つは、ユーザーが友だち追加したときに送信できる、あいさつメッセージ（Q.11／P.046⏱）で、そのアカウントとどのようなコミュニケーションができるのかを伝えましょう。ある化粧品のECサイトでは、あいさつメッセージでキーワードを伝えて、そのキーワードをユーザーが送ると、自動応答でクーポン（Q.13／P.051⏱）を発行する仕組みを用意しました。**ユーザーにキーワードを送るというアクションをとってもらうことで、自社のLINE公式アカウントをより印象付けられます**。もう1つは、リッチメニュー（Q.43／P.128⏱）の活用です。**リッチメニューに、売れ筋商品の購入ページへの導線を用意**しておきましょう。商品画像と誘導メッセージを設定しておくだけで、そこから「商品が毎月いくつか購入される」という状況を作れます。

LINE公式アカウントからのメッセージは、シンプルなほうが読まれやすい傾向にあります。接客時に伝えるような商品説明や使い方を紹介したら、詳しい情報は購入ページで見てもらうようにリンクを設定しましょう。

また、コミュニケーションアプリという特性から、クイズやゲームなどエンターテインメント性を意識したメッセージを用意するのも効果的です。配信頻度が多いとブロックが発生することを心配するかもしれませんが、「配信頻度が高いからブロック率が上がる」という確たる根拠があるわけではありません。それならば、より自社の個性を出しつつ、ユーザーにとって価値のある情報を配信しましょう。

試してみよう

LINE公式アカウントならではのメッセージ配信には、あいさつメッセージやクーポン発行などがあります。以下を参考に試してみましょう。

▶ **Q.11 友だち追加してくれたユーザーに、最初にお礼を伝えたい。（P.046）** 所要時間10分

▶ **Q.13 友だちにメッセージと一緒にクーポンを配布したい。（P.051）** 所要時間20分

▶ **Q.43 リッチメニューを美しく仕上げたい。（P.128）** 所要時間40分

ターゲットに合わせた配信

EC・小売業界において、メルマガ配信はリピート購入のための施策として根強い人気があります。株式会社ペンシルが支援する数社のLINE公式アカウントを調査したところ、LINE公式アカウントのみでつながるユーザーが平均で３割で、残りの７割がメルマガとLINE公式アカウントの併用でした。つまり、**LINEでしか接触できないユーザーが３割いる**ことになります。メルマガ配信と組み合わせることで、さらなる顧客との接触に期待できます。

［メルマガとの併用とその効果］

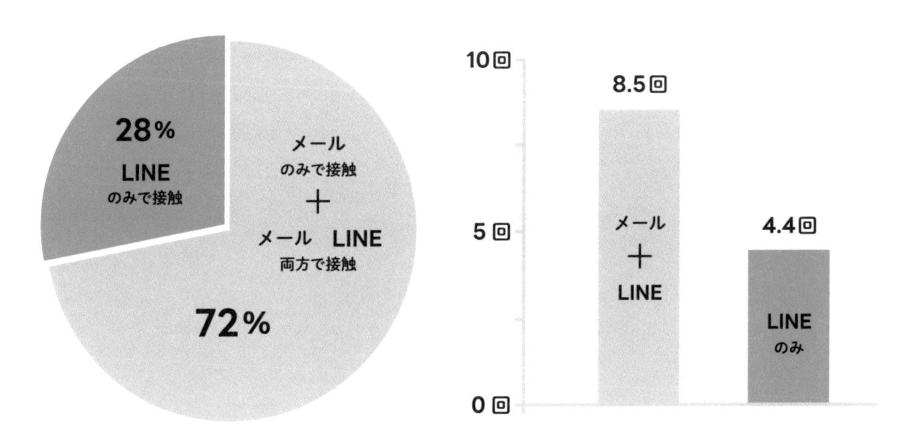

（株式会社ペンシル調べ）

全体のうちLINEでしか接触できないユーザーが28％存在し、メールと併用すると72％まで接触率が増える（左）。顧客とやりとりを行うまでの引き上げ回数は、LINEのみは4.4回となり、引き上げが早くなる（右）。

また、LINE公式アカウントから配信するメッセージのほうが、メルマガよりも開封率やリンククリック率が高い傾向にあります。株式会社ペンシルの調査では、LINE公式アカウントのメッセージ開封率はメルマガの約6倍である65.5%、本文中のリンククリック率はメルマガの約20倍となる33.2%にも上ります。リピート率の向上に、LINE公式アカウントは欠かせないといえるでしょう。

[LINE公式アカウントとメルマガのクリック率の比較]

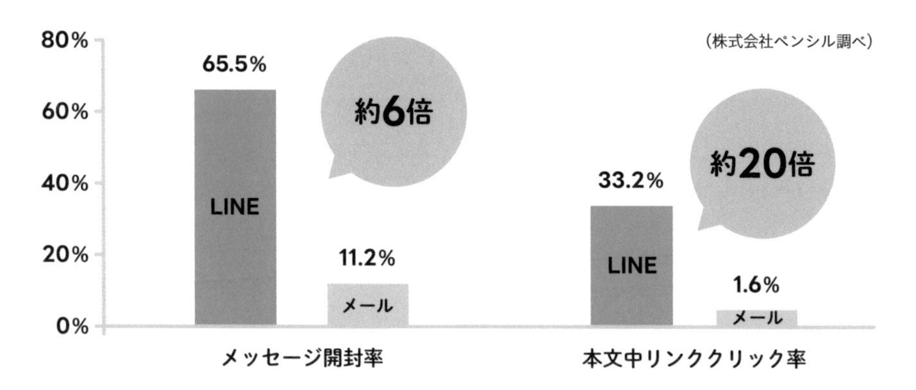

LINE公式アカウントのメッセージは、メルマガに対して開封率では約6倍、本文中のリンククリック率では約20倍もの向上が見られた。LINE公式アカウントとの併用で、さらなる集客効果が見込める。

とはいえ、メッセージの一斉配信ばかりでは、ユーザーからの反応を高められません。そこで活用したいのが、オーディエンス機能（Q.59／P.162）によるユーザーの行動や属性に合わせた配信です。特にECサイトでは、LINE公式アカウントの友だち追加をどこから行ったのか（ECサイト内のバナー、SNSの投稿など）によってメッセージを出し分けられる、追加経路オーディエンスの活用がおすすめです。例えば、商品に同梱しているチラシのQRコードから追加したユーザーは「すでに購入している人」、ECサイトのバナーから追加したユーザーは「サイトを訪問している人」と判断し、それぞれに適したメッセージを配信できます。

もう1つやっておきたい施策は、友だち追加からの経過日数などの条件によって、自動的にメッセージを配信するステップ配信（Q.61／P.166）です。ECサイトの場合、商品購入の数日後に使い方や使用感について伺うメッセージを配信すれば、ユーザーへのフォローにもなります。このステップ配信でもオーディエンスの活用が可能なので、例えば1週間以内にメッセージ内のリンクをクリックしたユーザーは購入意欲が高いと判断し、その人たちだけに特別なセール情報を配信する、といった施策を行うことが可能です。

LINE広告、LINEミニアプリでさらに効果を拡大

友だちの数を増やすための施策の1つとして、LINEアプリ内に友だち追加を促す広告を出せるLINE広告の「友だち追加」があります。**獲得できた分だけの支払いになるので、安価に新規の友だちを獲得**できます。

友だちを獲得するための広告は、LINE公式アカウントの管理画面からも設定できます（LINE公式アカウントの「友だち追加広告」）。配信ターゲティングを絞りたいなら、きめ細やかな設定ができるLINE広告の管理画面からの出稿がおすすめです。例えば、ウェブトラフィックオーディエンスを使えば、サイト訪問者に絞った配信が可能です。また、既存顧客のメールアドレスアップロード機能を使えば、既存顧客でLINE公式アカウントの友だちになっていないユーザーに絞って広告を配信できます。

友だち追加を促す広告を出稿する場合は、特典をアピールするのがおすすめで、特に効果があるのがすぐに使える割引クーポンです。友だち追加されたら、前述したステップ配信を使って、数日後にクーポンの使い忘れがないかフォローのメッセージを送りましょう。そうすることで、新規の友だちによる売上アップも見込めます。

さらにLINEを活用したい場合は、LINEミニアプリの導入を検討してください。独自のアプリ開発はコストがかかりますし、なかなかインストールされないという課題がありますが、LINEミニアプリであれば、QRコードを読み込むだけで利用できます。ECサイトや小売では「デジタル会員証」のLINEミニアプリを使って、登録したユーザーのみにクーポンを配信すればリピート購入を促せます。

LINEミニアプリを使えば、LINE上でデジタル会員証を即時発行できる。会員証のバーコードを読み込むことで、ポイントの付与や来店データの記録も可能。LINE公式アカウントのリッチメニュー内やECサイト内に起動リンクを設置したり、小売店内のポスターにQRコードを掲載したりして、ユーザーにデジタル会員証を利用してもらえる工夫をするとよい。

業界別事例 | EC・小売編

きめ細やかな運用で、LINE公式アカウント経由の売上が開始当初に比べて3倍にアップ！

事例詳細

韓国発のセルフジェルネイルブランド「ohora」（オホーラ）は、マーケティング戦略の1つとしてLINE公式アカウントを運用しており、メッセージのセグメント配信やステップ配信、リッチメニューなどをフル活用して成果を上げています。ohoraの日本展開支援を行う株式会社デジタルガレージに話を聞きました。

ターゲットごとにメッセージを配信。基本機能もフル活用

カードタイプメッセージやリッチメッセージを用いて、ユーザーに役立つ情報や商品の紹介を行っている。

売上向上の施策の1つが、「カゴ落ち」を防ぐ取り組みです。LINE Tagのトラッキング情報をもとにした「ウェブトラフィックオーディエンス」を活用し、カートに商品を入れたまま購入に至っていないユーザーに購入を促すメッセージを配信しています。他にも、メッセージの開封、リンクのクリックといったユーザーの行動をもとにメッセージを出し分けることで、一斉配信に比べて広告の費用対効果が1.2倍に向上しました。

あいさつメッセージ、ステップ配信なども活用しています。あいさつメッセージでは、初回利用時に使用できるクーポンに加え、アンケートを実施して回答に合わせたおすすめネイルを紹介しています。ステップ配信では、友だち追加から一定の日数が経過すると、ネイルの付け方や落とし方などを配信しています。これらの結果、LINE公式アカウント経由の売上は、導入当初と比較して3倍まで増加しました。

LINEミニアプリで会員証を導入。約3カ月で1万人以上の友だちと仮会員を獲得！

事例詳細

ベーカリーカフェ「R Baker」を運営する株式会社アールベイカーは、LINE公式アカウントの開設と同時にLINEミニアプリ「デジタル会員証」を導入。POSレジとデータ連携を行い、購買行動データに合わせた情報発信も可能にしました。同社にLINEを活用した取り組みについて話を聞きました。

POSレジとの連携で会員・購買データの紐付けが可能に

LINEミニアプリを活用して会員証を発行し、会計時に提示するとポイントが蓄積されていく。

会員登録数を増やすことを主な目的として、LINEミニアプリを活用し、デジタル会員証を実装しました。店内で会員証を発行した時点で仮会員として登録され、商品購入時に提示するとポイントがたまります。その後、居住地域などの基本情報を登録して本会員になると、ためたポイントが使用できるようになる仕組みです。この会員証の運用開始から約3カ月で、1万人以上の友だちと仮会員を獲得できました。また、先にポイントをためることが本会員登録の動機付けとなり、多くのユーザーを本会員に転換できています。

ある店舗では、実験的にモーニングセットを紹介するメッセージを配信したところ、前週の3倍まで売上が伸びるなど、確かな効果が出ています。また、LINE公式アカウントとPOSレジを連携させる「EDWARD」のLINEミニアプリを導入したため、会員データと購買行動データを紐付けて管理・運用できるようになりました※1。

※1 LINEアカウントと紐付いた行動データの取得・活用にはユーザーの許諾が必須となります。

※2 事例内の数値や画像などの情報はすべて取材時点のものです。詳しくはQRコードより事例の詳細をご覧ください。

資料URL・ダウンロード

▷ LINE for Business

https://www.linebiz.com/jp/

LINE活用事例やセミナー開催情報、媒体資料のダウンロードなど、企業のLINE活用に役立つ情報を掲載しています。

▷ マニュアル

https://www.linebiz.com/jp/manual/

LINE公式アカウント、LINE広告などの管理画面の操作方法をまとめたオンラインマニュアルです。

▷ LINE広告 審査の基本

https://www.linebiz.com/jp/service/line-ads/review/

LINE広告の出稿前に行われる審査について、その種類や審査状況の確認方法などの情報をまとめています。

▷ LINEマーケットプレイス

https://line-marketplace.com/jp

LINEマーケットプレイスやLINEミニアプリなど、店舗運営のデジタル化に役立つサービス情報を掲載しています。

索引

アルファベット

あ

か

さ

た

な

は

ま

や

ら

※「みなしデータ」(オーディエンスデータ) はLINEファミリーサービスにおいて、LINEユーザーが登録した性別、年代、エリア情報とそれらのユーザーの行動履歴、LINE内コンテンツの閲覧傾向やLINE内の広告接触情報をもとに分類した「みなし属性」および、実購買の発生した購買場所を「購買経験」として個人を特定しない形で参考としているものです (「みなし属性」にはOSは含まない)。「みなし属性」とは、LINEファミリーサービスにおいて、LINEユーザーが登録した性別、年代、エリア情報とそれらのユーザーの行動履歴、LINE内コンテンツの閲覧傾向やLINE内の広告接触情報をもとに分類したものです (分類のもととなる情報に電話番号、メールアドレス、アドレス帳、トーク内容等の機微情報は含まれません)。なお、属性情報の推定は統計的に実施され、特定の個人の識別は行っておりません。また、特定の個人を識別可能な情報の第三者 (広告主等) の提供は実施しておりません。

STAFF LIST

執筆協力	深谷 歩 (株式会社 深谷歩事務所)
カバー・本文デザイン	松本 歩 (細山田デザイン事務所)
本文イラスト	加納徳博
イントロダクションイラスト	小野寺美穂・柴山由香 (LA BOUSSOLE,LLC)
デザイン制作室	今津幸弘 (imazu@impress.co.jp)
	鈴木 薫 (suzu-kao@impress.co.jp)
DTP	町田有美
制作担当デスク	柏倉真理子 (kasiwa-m@impress.co.jp)
校正	株式会社トップスタジオ
編集	佐々木翼 (sasaki-tsu@impress.co.jp)
編集長	小渕隆和 (obuchi@impress.co.jp)

■商品に関する問い合わせ先

このたびは弊社商品をご購入いただきありがとうございます。本書の内容などに関するお問い合わせは、下記のURLまたは二次元バーコードにある問い合わせフォームからお送りください。

https://book.impress.co.jp/info/

上記フォームがご利用いただけない場合のメールでの問い合わせ先
info@impress.co.jp
※お問い合わせの際は、書名、ISBN、お名前、お電話番号、メールアドレス に加えて、「該当するページ」と「具体的なご質問内容」「お使いの動作環境」を必ずご明記ください。なお、本書の範囲を超えるご質問にはお答えできないのでご了承ください。

●電話やFAXでのご質問には対応しておりません。また、封書でのお問い合わせは回答までに日数をいただく場合があります。あらかじめご了承ください。
●インプレスブックスの本書情報ページ　https://book.impress.co.jp/books/1122101174 では、本書のサポート情報や正誤表・訂正情報などを提供しています。あわせてご確認ください。
●本書の奥付に記載されている初版発行日から3年が経過した場合、もしくは本書で紹介している製品やサービスについて提供会社によるサポートが終了した場合はご質問にお答えできない場合があります。

■落丁・乱丁本などのお問い合わせ先

FAX：03-6837-5023
service@impress.co.jp
※古書店で購入されたものについてはお取り替えできません。

はじめてでもできる！
LINE（ライン）ビジネス活用（かつようこうしき）公式ガイド
第（だい）2版（はん）

2023年6月1日　初版発行
2024年4月21日　第1版第2刷発行

著　者　LINE株式会社（ライン かぶしきがいしゃ）
発行人　小川 亨
編集人　高橋隆志
発行所　株式会社インプレス
〒101-0051　東京都千代田区神田神保町一丁目105番地
ホームページ　https://book.impress.co.jp/
印刷所　株式会社広済堂ネクスト

ISBN978-4-295-01659-5 C3055
Printed in Japan